U0119560

相玉致富

的 4把金鑰匙

—— 翡翠玉器投資的入門 ——

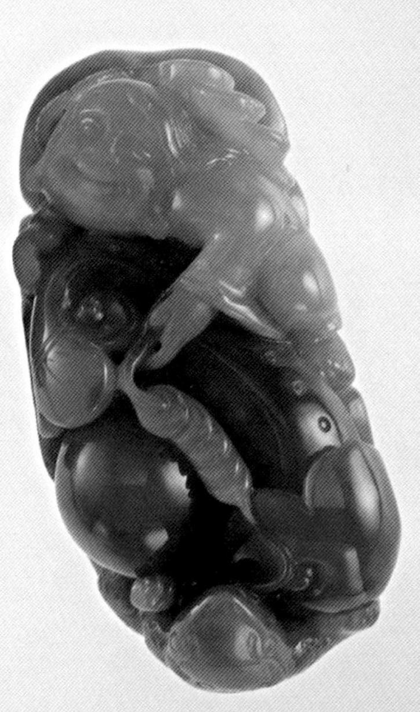

博客思出版社

自序

中國人從古時就愛玉，到現在更是有過之而無不及，從近來玉石的價格就可以看出追捧者日益增加。何謂相玉？人有面相，故玉當然也有玉相，相玉以往是指對於翡翠玉石原石的判斷，而本書所稱的相玉，是指對於成品品相優劣的判斷。

相玉是一門很深的學問，要靠相玉致富，並非一朝一夕可得，這個寶庫，無法只靠一把鑰匙就能解鎖，就像銀行的金庫一般，需要多把鑰匙的配合，才打的開。有人只拿到一把鑰匙，就想大開金庫之門，實在是異想天開，時間久了，無法解鎖只好放棄。但也有人靠著一把鑰匙而希望無窮，積極的為下個鎖做準備。

大部份的人都把致富放在金錢的獲取上，其實相玉功力進步除了能帶來金錢上的富足外，最重要的是在這過程中，能為心靈帶來無比的富足與快樂。人的程度在於其眼界的寬窄，玉包容了天地間的變化，無法以一概全，只能心領神會，與玉相處自然能體會玉所帶來的良緣，認真賞玉時，心靈就像風一樣的自由，有如在沙漠中得到醍醐甘露一般。

心靈致富才是真正的永恆，寧靜致遠才是真正的無盡。

翡翠玉石的價格一直穩定的上漲，尤其在經歷了金融風暴後，有一部份的資金開始轉移到這個市場；甚至有些高檔難得的翡翠玉石因其原料的稀缺性，半年甚至可漲達5成以上。世界的局勢一直在改變，21世紀是中國人的天下，中國人愛玉是天性，有些人搞不懂，為什麼一件玉石作品可以值那麼多錢？為什麼現在翡翠玉石貴的嚇死人？搞不懂者，用以往的邏輯去判斷認為是炒作，拿10年前的價格和現在比，認為是隨便開價暴利來著？只是一顆石頭，有什麼好值錢的？如果對於趨勢，我們是用這樣負面淺顯的想法來判斷，那麼就只有站在門外看熱鬧的份了。人生最大的貧窮是無知，而不是無錢。如能以此時時警惕自已別以管窺天，便能將無知變為已知，將已知變為財富，而這也是中國人最擅長的本領。

識玉，本是我們每個炎黃子孫心中早已知道的人生秘密。只要準備好相玉的鑰匙(記得這把鑰匙必須是金鑰匙，銅鑰匙或鐵鑰匙皆無法開鎖)，進入翡翠玉石鑑賞與投資之門，相信便離致富不遠了。人生在於留下多少而不在於取走了多少。捨得便是相玉的精神，也是心靈或財富致富的不二法門。

連豐盈

相玉致富的四把金鑰匙

編著／連豐盈

第一把金鑰匙 愛玉

愛玉者的入門

愛玉者的入門

第二把金鑰匙 賞玉

賞玉者的常識

賞玉者的常識

第三把金鑰匙 識玉

識玉者的眼界

識玉者的眼界

第四把金鑰匙 投資

投資者的角度

投資者的角度

1-1 佩玉是在炫耀什麼？

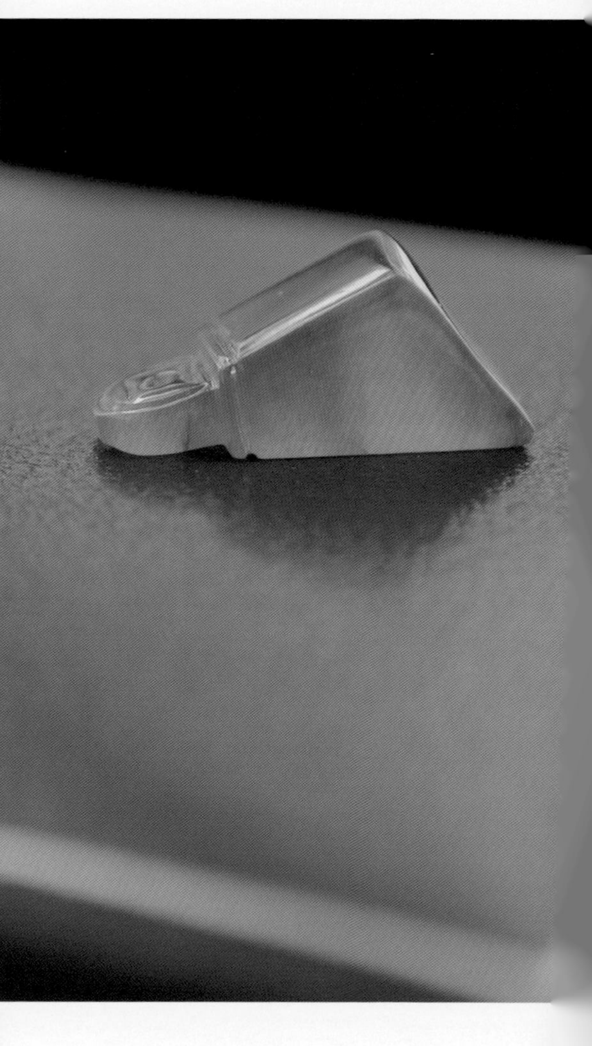

許許多多的珠寶創意為吸引上流社會投資收藏的青睞，作品中常有利用珍貴的翡翠玉石做為主題，主要也是近年來礦區好料日漸缺乏，加上大陸市場的崛起，有實力的內行者急著收藏，深怕慢了一步就收不到好作品，因為有錢買不到，故為上流社會所追捧。翡翠玉石珠寶為2009年香港佳士得秋拍的壓軸，這個項目的總成交率達92%，可見翡翠玉石這個項目的需求是越來越火熱。2010年的香港蘇富比春拍也開了紅盤，亞洲市場的購買力不容小覷。對於投資理財神經敏感的人，是否嗅到了熱錢的去向？為何那麼高價的翡翠玉石有這樣的魅力呢？

佩玉是老祖先的傳承

在禮記中提到了當手持玉器時，走路必須從容不迫；在接受玉器時身體需要向前傾，兩手捧玉以示尊重；而天子諸侯更是不能無故去掉身上的玉，故有君子無故玉不去身之說。用玉方面則更要謹慎，如果用的不適當，重者將會惹來殺身之禍。

玉器在古時平民百姓是不能擁有的，故玉在古人的心中，簡直就是無所不能的萬物主宰。但這也意味著，面對這樣一件難得的寶物，稍有不慎或不敬，就有可能是災禍的開始。

玉石的文化是老祖先的傳承，源自古人對於天地人神的敬畏。中國古人講究規矩，對於君王所用之玉，及佩玉用玉的態度及行為等等，皆有要求，這也提供了我們後代相玉理玉需注意的原則。

◆ 冰種三彩翡翠玉石

中國的傳統

雖然有些人片面以為佩玉只是一種迷信，但中國人向來依然認為佩玉是一種力量的體現，一些不好的、邪氣的都會因佩玉可避免進而消災。每一件玉都是手工不斷的琢磨而成，其力量就在於它有著人的創造精神，以及其所內含經歷千載秀的天地之精。

如果這種無形的生命力是不存在的，只是靠迷信的胡亂編造來取信於人的話，相信玉文化絕不可能在中國文化中佔有一席之地。

古有曰：「天地所化生，謂玉也。」此可追溯到八卦。在《周易》中其論述八卦之根本為陰、陽，當陰陽兩氣相互結合便產生萬物。乾坤為易之門，而乾又稱玉。故可見萬物中玉所處之地位非一般尋常之物可比。此觀點在荀子的天論篇也有談到：在天者莫明於日月，在物者莫明於珠玉，在人者莫明於禮義。玉的地位在此又有了證明。

◆ 此題材為龍生九子之第九子，身形如麒麟，取百獸之優，納食四方之財，據說有聚財催官運、辟邪擋煞及鎮宅之威力。黃色則帶有皇家吉祥之寓意。

天地人的哲學觀

玉文化可說是一種系統化的哲學論述，古人不但將玉本身的品質，利用擬人化的解釋來評斷其對於是非善惡的看法，更利用道德思想來充實人們內心的信念。儒家將天生的玉石做為天德的載體，也就形成了持玉、佩玉者應有的形象。玉，既能為道德之本，那麼君子佩之自然能以御不祥了。

玉少石多，據在場口採玉的前輩稱，常見是成千上萬的石頭擁護著一塊玉石，因而玉石品質的天生，也有著天命論之意。

王的佩飾是為「玉」，從字體上來拆解便能琢磨。那麼何謂「王」呢？一貫三者是為王，此三者為天、地、人。天、地、人也就是三才，古人認為天的道理是陰陽，地之道則是剛和柔，而人之道是為仁和義。這3項是人類最重要也是最基本的東西，雖古來玉被視為身份與地位財富的表徵，但其背後是有著非常豐富而內斂之中國傳統的人文哲學思想。

故也寄予王者的表現應是如玉一般純正、有情，並具有關愛及道義，而不是只是單向的控制與一昧的要求服從。真正的王者能夠得到人心，且不忘為追隨者的利益及未來著想。

上流社會佩玉是炫耀自己的智慧

佩美玉者有2種人，有錢人佩美玉是炫耀自己的財富，上流社會佩美玉則是炫耀自己的智慧；而這2種人卻又息息相關，畢竟要看的懂美玉又要捨得佩戴非一般人可行。有錢買的到的已不稀奇，有錢買不到的才是真正的珍品，而這種收藏也是一種與眾不同的樂趣。

但其背後的意義是對自己的一種期許，就是期許自己要「從傳統當中找尋智慧」，同時期許自己的財富能夠更上一層樓。也可以說是人對自己的一種承諾。留給子孫傳承的是上一輩的精神與對子孫正面美好的期許。

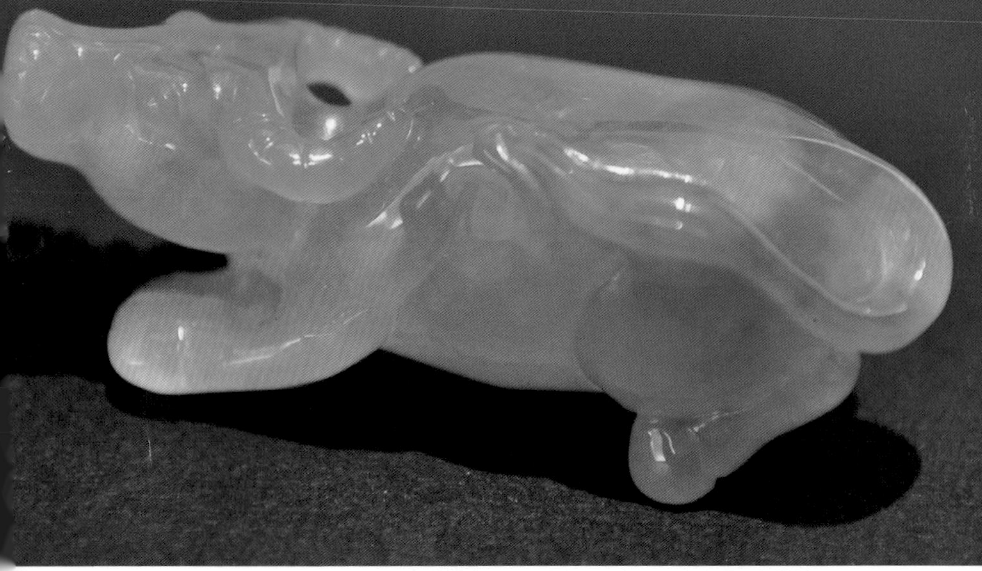

◆ 古人用 12 種動物來配 12 地支，丑為牛，象徵穩重與勤勞。

許多人不瞭解這層意義，對於為何佩玉混淆不清，不求甚解，歪曲佩玉的原意，甚至用虛妄的神鬼之説穿鑿附會來迷惑欺騙，使得許多人難以認識玉文化的內涵及真正體會到佩美玉的奧妙之處。

君子佩玉並僅僅不只是為了打扮，而是提醒自己依照玉德規範自己的言行操守。

玉文化是中國傳統文化藝術中重要的一環，也是我們的驕傲，其精神的傳承需要我們去發揚及延續，能夠有心來參與者，也是美事一樁。

以玉會友的震旦館

2010年的上海世博會中，很高興見到了，以玉會友的震旦館。

能在企業館露臉的台灣代表只有一家，這家既不是知名的鴻海，也不是科技大廠台積電，而是做辦公傢俱起家的震旦集團。

更特別的是震旦館館內竟然沒有展出一件自家的產品，竟是展出震旦集團董事長多年所收藏的精美玉器，藉此傳達8000年來，玉與中國人的生活關係，帶出華人惜玉的特殊情感，及中國人以道德與禮儀建國的精神，可說是將玉文化精神發揚的淋漓盡致，從此可看出震旦集團領導人不凡的思維。

◆ 圖片來源：世博網

◆ 各種地及色系的翡翠玉石

1-2 如何欣賞翡翠玉石？

一般人在日常生活中，因柴米油鹽醬醋茶許多現實上的雜事所擾，故難得能「靜心」去欣賞事物。要學看玉，首先必須先培養「靜心」的功力。賞玉需有單純的情感投入，看的清楚每件翡翠玉石作品其本質的意義時，才能去喚醒、安慰我們的人生，進而提升我們的修養。看玉著重的是感官的感受，而不是大腦的記憶。

小心自己的比較對象

要看出翡翠玉石的好壞之秘訣就是在於對實物不斷的「比較」。

鑑賞一件作品，除了要用心及用情外，還需要在正確的光線及背景下進行。有時我們千挑萬選買了一件心儀的翡翠玉石，剛買時很喜愛，但經過一段時日，就不喜歡了。這是因為當初在選購時，其他陪襯的翡翠玉石就不好，不是品相不佳，要不就是質地很差，雖然自己當初挑的已經是裡面最好的，但因比較的東西不對，所以很容易就會高估其價值而被打動，殊不知其實自己挑到的僅是爛蘋果中較不爛的一個，故很難經過時間的考驗。

因此，比較的對象很重要，當比較的對象比我們想要的好時，我們就會變的更理智。人的眼光愈看愈高或愈看愈低看其選擇即可得知。

學會了理論結果還是看不懂？

有人說所有翡翠玉石的知識我都已經學到了，為何還是「霧剎煞」？

我說因為「學到」並不表示「學會」了呀！

這個過程可是很漫長的，要在一項小範圍的事上追求專精本來就不容易；不過學會後要將所學到的轉化為智慧而進入「學道」的領域，這才是學習的目標。但這個過程將更是艱難，因為這要靠許多的修練才能成事。這有如金字塔的排列，從「學到」到「學會」是一個拔擢，而從「學會」到「學道」又是一個拔尖，能到頂端者是少之又少，賞玉之本在於治心，本治才是學道之本。就如80/20法則一般，雖能夠達到卓越的不多，但這是個道理，也是我們共同努力的目標，有這樣的企圖心才能看出真正的核心價值，也才能進入深度的欣賞。

身心放鬆頭腦思緒自然清晰

簡單的說，賞玉不就是為了從中得到身、心、靈的鬆、靜、自然嗎？身體從未真正的鬆過，心也靜不下來，如何追求自然呢？

翡翠玉石之作也是藝術的一種，而藝術需以仁為本，愛玉者鼓勵自己向仁者看齊沒什麼不好，因為這不只是護物的本身，更重要的是能有勇氣去護自己的心，找回真正的靜思所在。所以看玉看到一定的程度，其實已經不只是用「眼」看，而是用「心」去賞玉，當到達這樣的心境時，所做的選擇自然經的起時間的考驗。

1-3 玉的泛談及定義

對於玉，以古代來看，當時的科技並不如今，無法針對不同的石頭去做細分，故在古人眼裡只要是美麗的石頭就泛稱為玉。中國人自古就有佩玉的傳統，明清以前，古人以白玉為主，故近代有些古玩界的玩家認為軟玉才是玉，對於翡翠是否能叫作玉有著不同的看法，但是如果依這個觀點來看玉，那麼古代的許多玉器可能都要稱為「石器」了。

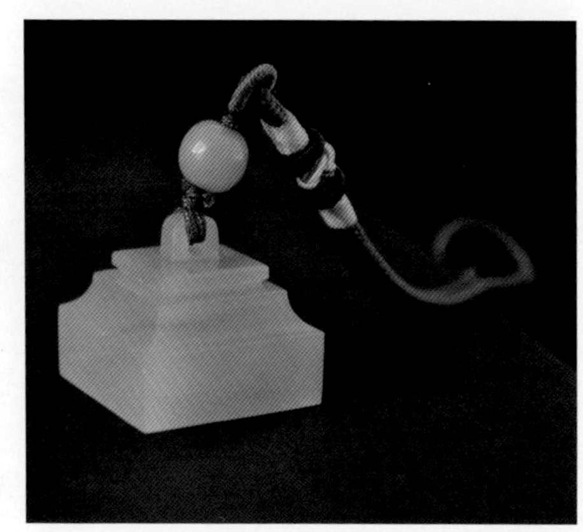

◆ 軟玉

以現代的概念來看，玉是珠寶中的一項，是屬於有價值性的，目前國際上所稱的玉主要是指軟玉(和田玉)和硬玉(翡翠)，兩者都有資格稱為玉。一般而言，翡翠製品的價格較不受年代久遠的影響，這一點與軟玉有所不同。

玉的定義

新疆和田玉之所以稱之為軟玉是因其硬度為6～6.5度，不及硬度6.5～7度的翡翠，故以此做為區分。

	化學成份	硬度	比重	折射率
翡翠(硬玉)	鈉鋁矽酸鹽	6.5-7	3.25-3.4	1.65-1.66
和田(軟玉)	鈣鎂矽酸鹽	6-6.5	2.9-3.1	1.62

理論的基礎

玉的形成需在一中到低溫的環境中，同時經過了極大的壓力及漫長的時間後所形成，故凡是有玉石礦床分佈之地，均是地殼強烈運動之地帶。翡翠主要是由鈉鋁輝石或綠輝石(較少數)構成，兩者皆為一種矽酸鹽類的礦物，在礦物學的分類中都屬於輝石族礦物。

雖然廣義的寶石概念涉及寶石及玉石兩大範疇，但為了要清楚分別寶石和玉石，我們可以就礦物和岩石的概念來思考。礦物和岩石的不同之處，提供了我們以科學方式來劃分寶石和玉石的理論基礎。寶石是一種礦物的單個晶體，晶體結構為三方或六方晶體等，可以用化學式來表示其組成，如紅寶，祖母綠等皆為寶石；而玉石是一種岩石，不是一種單純的礦物，它是由許許多多礦物小晶體共同組合而成，其晶體結構為單斜晶體，化學成分是可變的〈也就是說，具有2種或以上的礦物集合體才能形成玉〉也因此有許多人便把符合此理論的岩石稱為玉，如大陸河南所產的岩石稱為獨山玉，甚至許多如碧玉、東陵玉、蛇紋玉等皆灌上玉的名號藉此提高身價，但這些勉強只能稱為「普通玉石」，其實真正正統的玉應是指「緬甸玉」與「新疆和闐玉」，狹義的翡翠定義，強調主礦物必須是硬玉。所有寶石及礦物中只有角閃石(軟玉)及鈉鋁輝石(硬玉)能稱為正統的「玉」。

◆ 各類尚未製作的硬玉原石

近來有學者認為，含有8成以上硬玉成份的集合體，才能算是真正的翡翠玉石，故不是一塊隨隨便便的石頭就可以用「玉」這個名字，我們必須清楚瞭解了它的本質之後才能稱之為玉。

在古時，只有貴族才能佩玉，其代表的是身份及地位的象徵，故生前要佩玉，死後口中還要含玉蟬及穿玉衣，玉器也就是在當時的環境將工藝及巧思推至巔峰的。

當然現實市場的翡翠範疇比較寬廣，所以與硬玉類質同象的礦物或石頭，也有人將之歸屬於翡翠玉石的行列；經濟愈起飛，像玉的石頭被炒作的現象將會愈來愈多，這也是隨著現代寶石學的發展及翡翠原料供不應求所致，愛玉者如能加以瞭解，對於翡翠玉石的價值認知，將會更有心得，也不會因盲從而成為炒作大潮下的犧牲品。

◆ 質地細緻的硬玉—玻璃種水坑玉蟬

1-4 翡翠之名

◆ 綠色稱翠，其他色系均稱為翡

漢代許慎在所著作的說文解字中解釋道：翡，赤羽雀也；翠，青羽雀也。翡翠一詞的由來，有人認為翡翠之詞是借用於一種生長在黔滇的森林中長有綠色和紅色羽毛的翡翠鳥而來，因為玉石常具有綠色和紅色色調的美麗表現，看過孔雀羽毛的人或許就可以體會。

非翠變翡翠

另外也有人認為翡翠是「非翠」的諧音。

古時軟玉的應用早於翡翠，而軟玉中原來就有一種翠綠色的翠玉（現稱碧玉），古人為了區別其不同故以「非翠」稱之，久了以後「非翠」便成為翡翠了。

其他色系能不能稱翡翠？

也有人說紅色的玉稱翡，綠色的玉稱翠，所以紅翡綠翠才是翡翠，雖有理但也不夠貼切；以往一般人大多以為帶有綠色的玉的才稱為翡翠，但近年來隨無色及綠色以外的美玉炒翻天，故白翡或紅翡、黃翡甚至墨翠等名詞如雨後春筍般的出現來加持，增加其給人的價值感，那麼翡翠究竟是什麼呢？客觀來說，玉石裡最美麗的部份稱之為翡翠〈不論任何色系〉，這也是目前大家的認知。

　　而翡翠就是玉，玉也就是翡翠，無翡就不會有翠，有翠就會有翡，故玉常以翡翠稱之。原本翡翠一詞是指達到寶石級之硬玉的商業名稱，但現在不論什麼玉，大家都會以翡翠稱之以顯得其珍貴，甚至有些不美的玉只要帶點綠，賣家也會稱自己賣的是翡翠。事實上是，換個說法並不會增加其價值，主要還是要以實物的珍貴性及稀少性做為價值上的判斷。目前翡翠多是「美玉」的代名詞。

◆ 翡，赤羽雀也；翠，青羽雀也。有紅有綠可說是真正的翡翠。翠玉三彩，色柔鮮明。

有鑑定書還會買錯？

近年來有些商家把一般玉石也誤稱為玉及翡翠，在2010年1月的溫州晚報就有載，有一消費者以為撿到便宜，只花了10000人民幣在雲南買了2只高檔的玻璃種翡翠玉鐲，在當時商家確實是有提供鑑定書，上面的檢測結果是為「石英質玉」，那麼為何這名消費者仍自認為買到玻璃種翡翠呢？

原來是商家與消費者在討價還價時，商家一直強調「玻璃種」，故意迴避真實名稱，使得原本不是很清楚的消費者以為玻璃種玉就是玻璃種翡翠，因而落入了商家的陷阱。事實上，商家的如意算盤就是要讓這個消費者，誤以為「石英質玉」就是「玻璃種玉」。

這篇晚報的標題是為：「不是所有的玉都是翡翠」。其實應該改為「不是所有的玉石都是翡翠」這樣才不會被誤導。因為「玉就是翡翠，翡翠就是玉」這個觀點是沒錯的，但問題是出在一般「普通玉石」並不是玉，而商家常會利用這點讓消費者錯把「普通玉石」當作玉及翡翠，這是購買上需要注意的。

玉的本質才是重點

以寶石學的角度來看，翡的價格似乎次於翠，主要一般人認為「翠」通常是整塊石料的精華所在，存在的面積也不大，故顯其珍貴；不過有些漂亮的「翡」價值也不輸翠料，故不宜一概而論，也就是說玉本質的好壞才具有顏色上的價值，這就是為何要學會如何鑑賞的原因了。如果只是看色就可以知其好壞，那麼鑑賞就不是什麼大學問了。

目前最高檔的翡翠玉器只產於緬甸，一般大家所說的玉（指現代的玉），大多是指緬甸玉，而本書所談論的玉，為了與軟玉有所區別，故皆以「翡翠玉石」稱之，即是指緬甸的翡翠玉器(硬玉)作品。

◆藍綠料雕件，實物偏藍

◆ 質細的水坑玻璃種潑墨山水
翠墜工藝精細的貔貅搭配
極有扭轉乾坤聚四方財之意

1-5 新坑與老坑的迷思

翡翠玉石的學問很深，越研習越知其不足。翡翠玉石的知識並不是上過幾堂課就能了解，如有那麼簡單那麼那些用數十年甚至歷代傳承所流傳下來的絕學，豈不白費功夫？有人將玉用歐美分級鑽石的系統來套用在玉的分級上，這種純商業的分級易誤導市場對玉的認知，長期而言，對交易市場非但沒有幫助且易生混亂，在中國人的心中，玉並不是俗庸的珠寶，其變化更不是能以簡化繁的。

執著於老坑則被坑的機會大

在翡翠玉石珠寶商口中，常聽到其為較漂亮透明度較高的翡翠做介紹時，均離不開「老坑」這一辭。究竟何謂「老坑」種的翡翠？老坑是從緬甸礦區裡的其中一區所翻譯而來，此區據說常常挖到高檔的翡翠色料，一般而言，礦脈中部分礦石在露天裸露的時間如夠久，再加上當地帶酸的地下水及雨水長期浸泡和侵蝕後，一些質地較粗鬆的玉石會被風化和腐蝕掉，故此地留下的翡翠玉石其質地均會更加細密，具有相當好的通透度及硬度，所以中國人及台灣人常以老坑翡翠來代表底細膩、水頭好的高檔翡翠。不過當地卻很少人會用此一名詞，主要是翡翠的毛料其礦形除新山礦料及新廠礦料外，其他的廠口皆有可能會出現底好色高的高檔翡翠玉石，故實際上「老坑」2個字並無太大的意義，因為沒有人能分辨到底某塊料是從哪個礦區所挖出來的，除非是原石的主人才知道此料是出於何礦區，且老礦區也可能產生不佳的料。事實是，玉的變化很大，非「老坑」2個字就可帶過，過於執著「老坑」者則「被坑」的機會大。

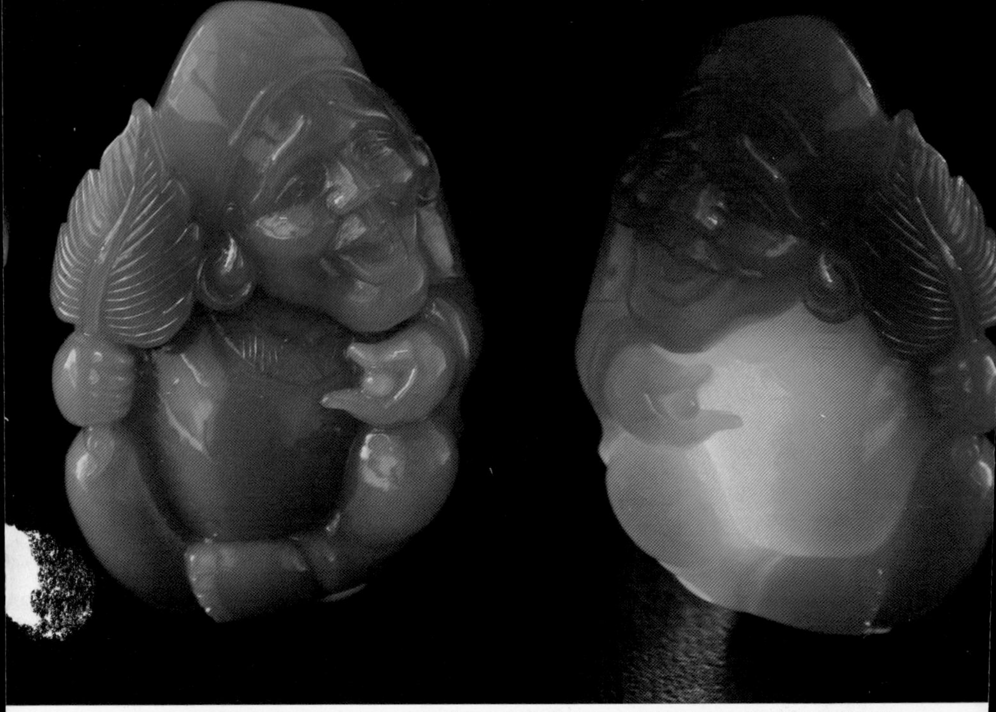

◆ 玉質細的黃料 Q 版濟公，燈照後可見其結構綿密，結構綿密的玉種實務上常被稱為老種玉。

而結晶較粗的料常被稱為是「新坑」出產，一般所謂的「新坑」是指翡翠礦脈形成時間較晚的坑口。因其生成時沒有那麼高的壓力故其質地較粗鬆，有的看起來像冬瓜肉，即使看似水頭不錯但其密度比重大多不及3.2，有些人甚至將山料也納入「新坑」一族中，這個觀念也不完全正確，只是便於解說。

現在的說法則更多，老坑也有人稱老種，主要指的是有經過大自然的風化、搬運、腐蝕的淬練後所保存深積下來的原料；新坑也有人稱新種，就是指透明度低，結晶粗質粗的玉石；還有一種稱為新老種(坑)，就是結構、構造介於新坑與老坑之間的玉石稱之。總之，說法很多，玉的種類及變化更多。

實務上，翡翠的價格應該是以其「底杖結晶結構」的等級及「色彩分佈融合」的等級來衡量，故不宜一昧以「老坑」價高或「新坑」價低二份法的錯誤知識來評估其價格，翡翠是有生命的通靈寶玉，基本上具有水色的翡翠，較能顯出其嬌艷、高尚動人的靈美之感。傾聽自己內心的聲音比執著在新坑或老坑的選擇上要來的實在。

◆ 色澤飽滿的藍綠翠，是翠中精品

1-6 愛玉者是否皆「好色」？

◆ 色澤較陽的綠色

玉石界有一句行話：「色綠一分，價高十倍。」故許多初接觸玉石翡翠的人往往對翡翠的印象就是要買綠。翡翠的顏色除了青(綠色)、赤(紅色)、黃、白、黑外另有紫色(春色)及橙色等大地間的色系，故常吸引愛玉者的關愛。但對於翡翠而言，其色的變化主要是因其內含的化學成份所致。

色的形成

一般來說，純淨的翡翠是無色的，不過市場價格並非最高，最近這幾年漸受到愛玉者的青睞，象徵清新神聖的白色玉石，稱之為白翡；而當其中含有一定比例的鐵元素時，又成了具有喜慶吉祥的紅翡或色調活潑華麗的黃翡，這種顏色在翡翠中屬於次生色，也就是翡翠中部份的鐵因在地面環境中氧化的結果；當玉石中混入微量鉻時，就會呈現富貴高雅的綠色翡翠；但當鉻和鐵的含量超過2%以上時，此時玉石又會呈現象徵權力及神秘的黑色，也就是墨翠；鐵和鉻都會給翡翠帶來綠色，不過鐵的含量愈高其綠的表現較偏暗偏黃；而翡翠中含鉻、鐵、鈷等微量元素時，玉石的呈色就會成了時尚的紫色，紫色一般又有偏藍和偏粉的變化，故雖然色彩千變萬化，但它的產生及變化是有一定規律的。

色的觀察

色的觀察，主要需看其色調是正色還是偏色，再來明度和飽和度也會影響到整體的視覺觀感，色的均勻度及純淨度也是影嚮其價值的因素，故有色也不一定具收藏價值，以雕件而言，尚需看色點在何處，是否具有畫龍點睛之妙，還是出現在不該出現之處，如觀音的臉綠了絕不如觀音手上佛珠一點綠的設計討喜，故其檔次及水準立即可見。不懂得欣賞者見色就收，難以發現玉石之美何在。

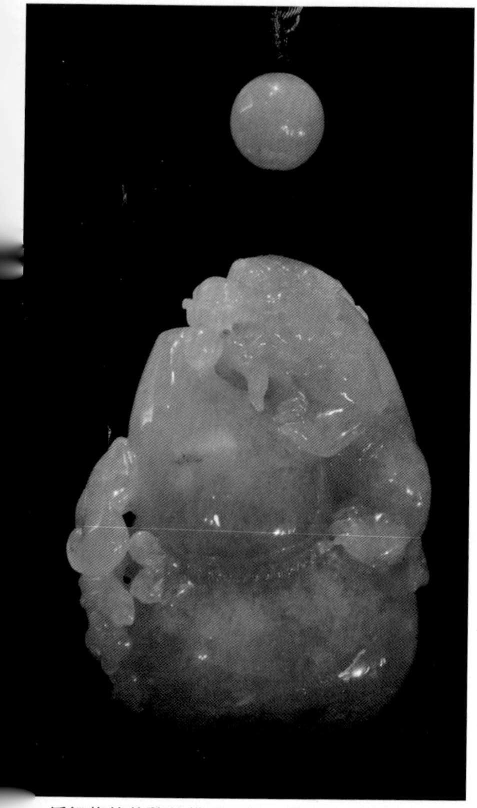

偏紅紫的葫蘆貔貅手玩件—色不在乎深淺色系，有巧色則味至而討喜

莫被翡翠玉石的綠色給花了眼！

綠色是和平的象徵，代表對和平的渴望，寓意遠離戰爭及傷痛，有避邪之意，加上慈禧對翡翠的加持，因此大多數人潛意識中皆有戀綠情結。不過色的偏好其實意義不大，其色的價值需建立在翡翠玉石的質之上，否則寧可挑質不挑色；而把玩件及擺件作品則較著重在於工藝及色之位置的巧，故太執著於某一認知容易太過主觀易錯過了好作品，客觀的評估自然能正確評價其作品之檔次。

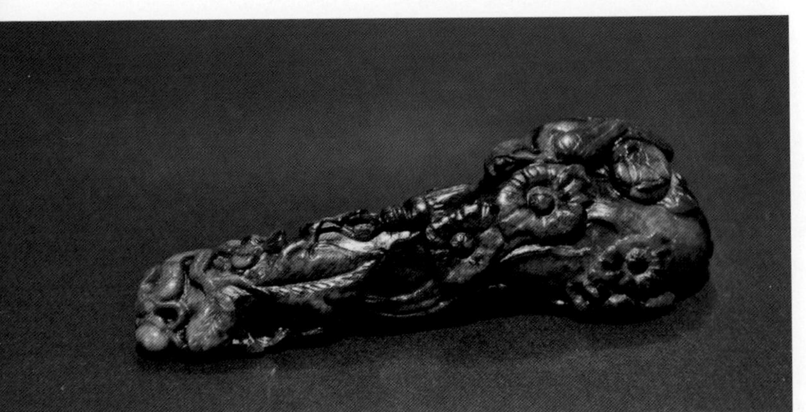

◆ 此件山料有色但無水故價格不高

初學者需「色戒」

色的變化很大，每一色除了各有正偏色外，其下又可再細分，差一級價格就差很多，要培養對色的適應需要時間，多看、多把玩比較，就可以分出翡翠玉石間色的變化，對色的適應未培養好就很難有分辨翡翠玉石色澤的敏銳力。建議初學者先以玉的質地來選擇，色的選擇放在最後來考慮，「不好色」至少剛開始也不會被別人「賺很大」。

◆ 有色無種的花青料

1-7 翡翠主要種底介紹

一般人對於底和種常有些混亂，而論玉必論底，底種必須要分清。

種地和底仗

翡翠的「種」是指翡翠的結理與構造，也可以說是質地及透明度的總稱。翡翠的質地，就是指內涵的礦物結晶顆粒度的大小及致密程度，而水頭的呈現，就如一個透明杯子裝了水般的感覺，也是對翡翠玉石透明度的表述方式，基本上種好的水頭也會好。

「底」可說是石域性的名稱，是種水色等特徵相互襯托的協調程度及乾淨度，又稱為「地」、「地張」。底的結構細，色調均勻染質少又具一定透明度者，稱為底好。水頭不佳甚至沒有水頭者，則稱為底乾。外在環境下所形成的咎裂也會影嚮到底的好壞。

「種」差則「底」差，但「種」好「底」卻未必好，也就是說，底是玉的精神所在，玻璃地的種是玻璃種，但玻璃種未必是玻璃底。只有種水俱佳淨度高，才會出現有好的底子。

在翡翠玉石好料越來越少的情況下，基本上好種底的料子都具有一定的收藏價值。

目前翡翠品種及底仗並沒有一套一定且統一的分類，大多根據其結構特徵及透明度來分別，在此將以市場上常見的翡翠玉石依品種對照底仗做一整理介紹。

玻璃種翡翠

一般市場上俗稱的「老坑種」或「老坑玻璃地」，就是所謂的高檔翡翠，即是綠色翡翠中的上品，質地細純淨無瑕而顏色濃郁但明亮者為極品，行家以玻璃底翡翠稱之。有些透明度高的翡翠其結構極細，因結構或層面造成光線的散射故有泛瑩光的現象，俗稱放光，其價格比透明但不泛瑩光的翡翠來的高，明亮度也較好；近年來大家發現白色玻璃地翡翠也很美，故價格也跟著水漲船高，簡稱白翡；漂亮的黃翡或紅翡雖價格雖不及綠色翡翠，但也具有很高的觀賞及收藏價值。

◆ 少見的玻璃種極品—觀音。

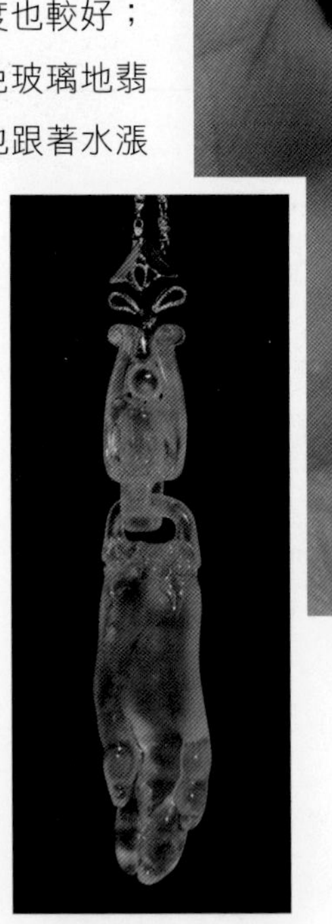

◆ **白色玻璃種—白翡佛手**
玻璃種的綿質與結構通常較為清晰，透明度好。

目前賣價較高的玻璃種除了白色玻璃種外，剛味很足的藍調或綠調玻璃種也很受收藏者喜愛，起光不帶灰且帶點油味的藍晴地或綠晴地也是很難得的高檔貨。

◆ 好種地帶綠調的晴地，目前市場上也難尋。

◆ 白色玻璃種是近年來市場的新寵，最好的部位做為戒面，老騰沖人稱之為「螢火蟲」，賣價不低。

冰種翡翠

質地與玻璃種相近，唯透明度較玻璃種差，但也清亮似冰。若帶有藍綠色斷斷續續的脈帶如絮花狀，則稱為「藍花冰」翡翠，是冰種翡翠中常見的品種。冰種大多為中上或中等檔次的翡翠。少數達此種地的紫羅蘭翡翠也很難得，價格也不低。而近年來深受台灣喜愛的墨翠，夠黑夠水者也能賣到高價。帶化地、冬瓜地、糯米地的質優冰種翡翠玉石也很靈美，但較少見，價值也很高。

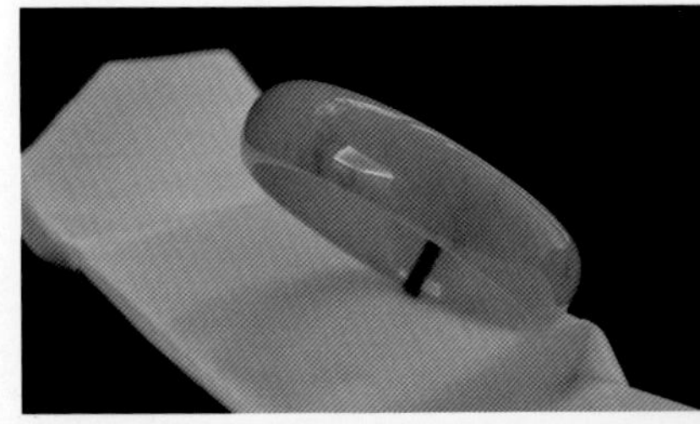

◆ 冰種手鐲—冰種一般可見其內部的交織纖維

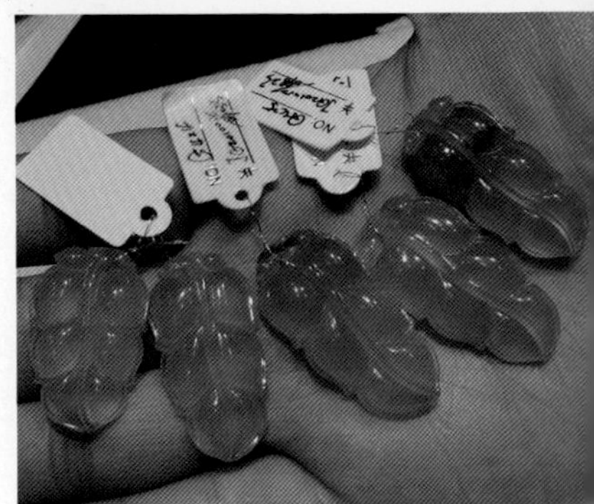

◆ 一手起光的冰種料

水種翡翠

其光澤及透明度略低於冰種，但與冰種相近，可是品質略差，主要還是要看其底好不好，水種翡翠中質種更差的，也有人稱之為「涼地」。此種地內部結構有少量石紋、綿柳或有暗裂。雖偶而也可見中上品，但市場上的價格較不一。

若以原石中的底仗來看，水種翡翠主要涵蓋了化地、冬瓜地、糯米地、及部份的翻生地。化地看起來有如果凍般，內部結構較朦朧，透明度雖不如冰種，但質地潤滑，也有人稱為糯化種，水頭好的糯化種也可達冰種到水準，也有人將此稱為豬油種。

◆ 水種翻生地三彩料

冬瓜地則感覺像煮熟的冬瓜，而糯米地質地像煮熟的糯米半透不透且具細緻感，翻生地的結晶則較如生米般較大。

金絲種翡翠

是指翡翠顏色有定向且呈絲狀平行排列，其底仗多為化地，顏色多帶陽綠，價格以所帶之綠色面積多寡及色調而定，帶鮮綠而又綠絲分佈多排列緊密色彩飽和度較高者，自然市價較高。

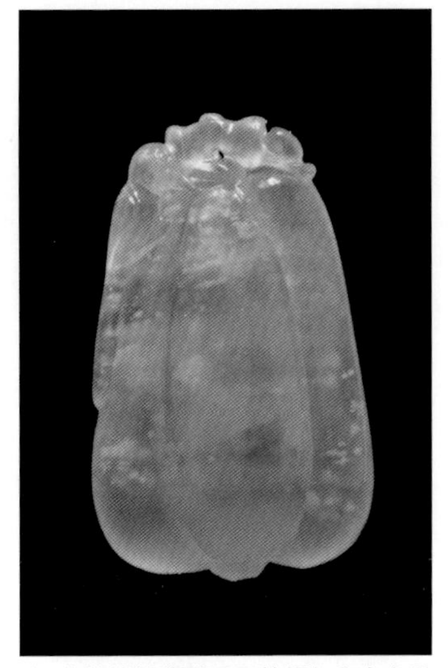

◆ 金絲種的翡翠玉石其顏色有定向且呈絲狀平行排列

芙蓉種翡翠

此一品種的翡翠多為淡綠色，質地較接近糯米地，色雖不濃(色調常偏黃)，不像白底青呈團狀的鮮綠，但卻具清雅之感，透度不夠沒有玻璃種的透亮，可是又帶水，為中等檔次之翡翠，若色美者檔次較高。

依地區的不同有些人也將芙蓉種列為糯化種的範圍內。

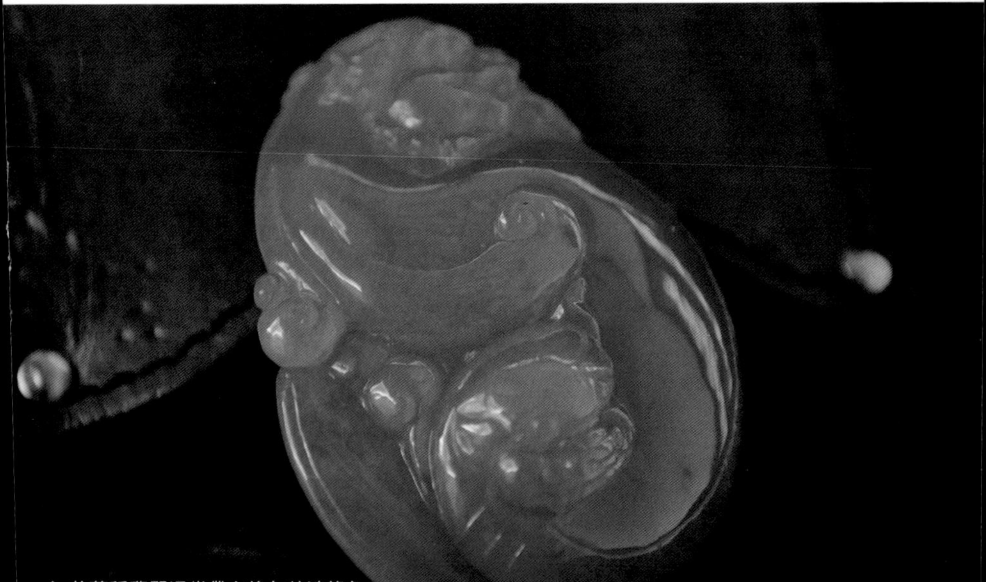

◆ 芙蓉種翡翠通常帶有均勻的淡綠色

◆ 稍帶黃的芙容種色系

◆ 芙蓉種最美的色調有如日本帶淡綠的湖水

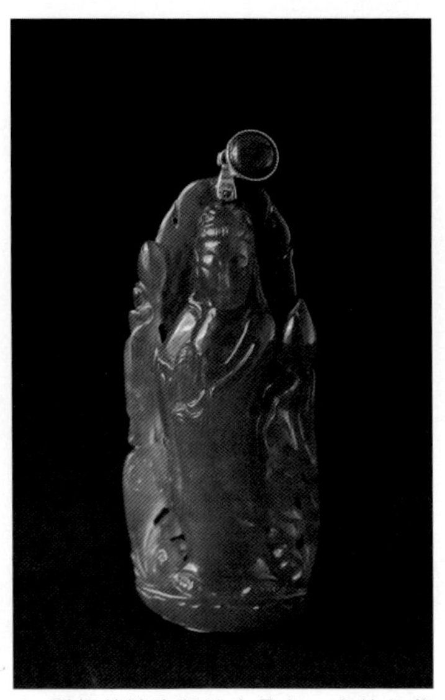
◆ 質細的油青種地也具有一定的收藏價值

油青種翡翠

其透明度和光澤有如油脂般，雖帶綠但因含有灰及藍色的成份〈也可說是綠中偏黑〉，故其綠色為暗綠較不鮮豔屬中低檔品，其綠色多呈塊狀分佈，透明度不差的多偏油，約為化地底仗，有些甚至可達冰地，但價格仍無法太高；豆地的油青則更不透明。

油青種翡翠因市場上較常見，數量較多，故價格也相對較便宜。但其中有些質細種水不錯的好料，如再加上精緻的雕工，也具有收藏價值。

豆種翡翠

俗語說十綠九豆，也就是說質地佳且顏色嬌豔的翡翠少之又少，大多帶色的翡翠質地均欠佳，但只有非常少數滿綠鮮明的豆綠可賣好價錢。

而豆種是市場上常見的品種，透明度較不佳，水感只入表面約二分，其晶體顆粒大，質地較為精糙，帶有瓷底光澤，用肉眼可見像豆子般結晶在內故稱之，市場上商品化質地較差的玉件約為此級，主要是豆種原料價格較低，故消費者入門多以豆種為主要首選，故為商場進貨的大宗。

豆種要細分，又有人將之分為水豆種、淡豆種及乾豆種。不過帶有翠綠或巧色的特殊豆種料也價格不低。

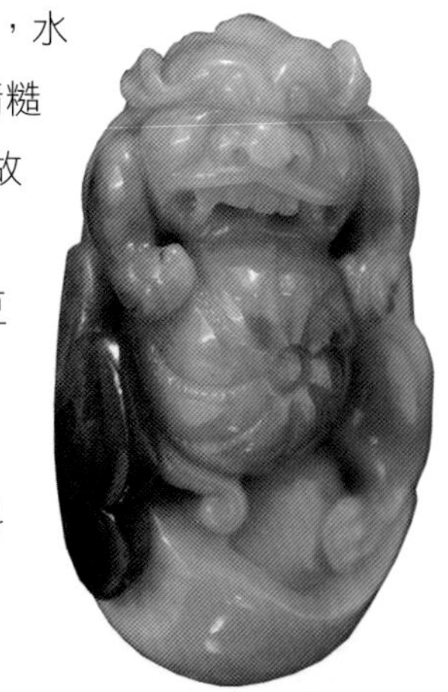
◆ 豆地色彩鮮明的三彩巧色巧雕也是難得佳品 - 祥獅獻瑞

白底青翡翠

白底青是較常見的質地，其底仗介於豆地至白地間，特點為底白如雪，故綠色在白底上顯得鮮豔，但較無通透之感。

白底青透明度大多不高，具油脂光澤，少數達冰種的白底青或綠白分明而翠色驕者仍可達中高檔之檔次，量非常少也值得收藏。

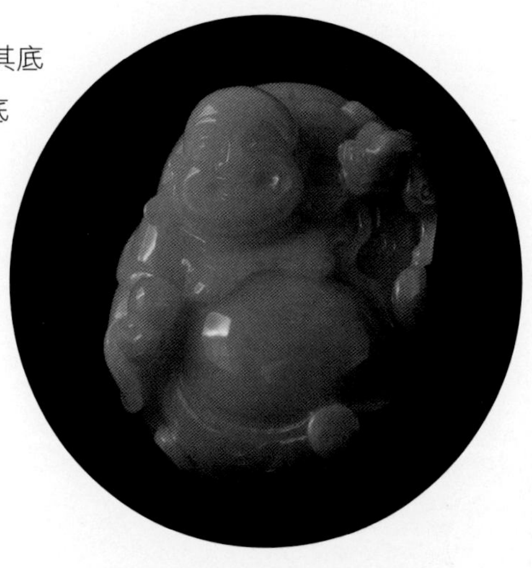

◆ 質細的白底青結構上較不見結晶顆粒

花青翡翠

其翠色較不規則，綠色不均，通常為綠中帶藍的色調。底仗同白底青大多介於豆地至白地間，結構精糙水頭較不足，多為中檔或中低檔品。近來色調鮮豔的花青受到市場追捧，也漸有往中高檔提升的趨勢。

較少見的「老花青」翡翠其價格也不菲，日前在青島出現一串108顆老花青佛珠開價1088萬人民幣。老花青翡翠在燈下呈現墨綠色〈接近黑色〉，而在強光下則呈現綠色，是較少見的質種。

◆ 色調較鮮豔的花青珠寶件

一般而言，種地越好，水頭會越飽滿。有時同一件玉料同時有2種翡翠玉石的質地，主要還是要看整體的品相來論，有時不見得質種較高價格就一定高。近日在大陸也有人對沒有綿紋，沒有染質，質地溫潤〈如絲綢般的光滑細緻〉的頂級品種稱為龍石種，龍石種的特徵就是質地達玻璃種且有微微放光〈稱為泛光效應〉，有冰寒陰冷之感，底色則為綠色，且內蘊含有不同花色的表現，如山水畫一般。所以種地名稱有時也會因市場的認定而有新的名稱，這些基本上都是為了能更清楚分級不同的種地而再細化分的。

◆ 一件玉上面有時會同時具有 2 種不同種地

1-8 今日「人養玉」，明日「玉養人」

常聽許多人説要「養玉」，翡翠玉石為何要養呢？這裡所説的養，指的是對於翡翠玉石的養護。很多人佩玉常有這樣的經驗：就是會覺得經過自己佩帶的翡翠玉石似乎有越來越亮、越透、越美之感。

人養玉為何玉變美？

這是因為翡翠玉石中的結構有一些空隙的存在，因為我們的皮膚有一定的潤澤度，再加上有些人在沐浴時並不會拿下，久而久之在佩戴的過程中，玉石吸附水的作用會使得常戴的翡翠玉石水頭更好，甚至使得內部有帶綠的翡翠玉石呈現出更明顯的綠絲及色調，其實這些大部份是因為「人養玉」後，透明度提高所造成，也有人認為人體的體溫及汗水酸鹼度對翡翠玉石也會有活化的作用。

而長期的佩戴也因佩戴者經常與玉石的摩擦，而產生了軟拋光的作用，故也會使得天然的翡翠玉石越戴越亮。

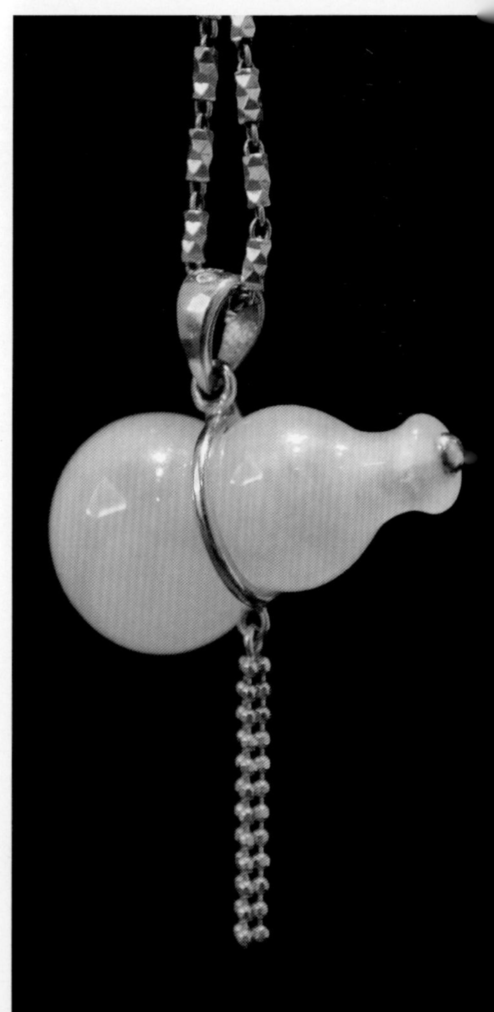

◆ 經過長期佩戴後仍賞心悅目的玉葫蘆

玉養人是傳說？

那麼翡翠玉石又是如何滋養人的呢？

有人認為玉石中的微量元素可以帶給人身體的健康，主要是因為在本草綱目所載，玉石也是一種藥，具有養精神，養毛髮等多種益處，故佩戴玉石由人體皮膚可以從玉石吸收一些有益的微量元素自然是許多人所認同的，雖然這在科學上還未有更進一步的理論研究。

不過常把玩翡翠玉石的確會使手部的關節得到鍛鍊，以戴手鐲來看，手鐲的滑動會摩擦到手腕上的一些穴位，這對健康自然是有益的。而在某一程度上其實美玉也調節了人的心情，當我們每天看到自己心愛而賞心悦目的翡翠玉石時，等於是天天面對「美的暗示」，這種心理作用，相信是最讓佩戴者最感到開心的吧！

玉也是養德的工具

上等玉石，能淨化人心，變化氣質。深入來看，我們說「人養玉」，不如說玉也在養人之德。佩玉的最高境界，就是一邊佩戴盤玩，一邊觀想著玉的美德，這樣所佩之玉不但得到了養護，佩玉人的精神也得到了昇華，這是人玉合一的一種極高境界，以玉養心也就是這個意思。

中等玉石，若佩得恰當，可廣結善緣。佩玉藏玉既然是怡情養性之事，對的認知及好的心態是不可少的，才能慢慢玩出自己的玉品，得到有如美玉般的情操。當佩玉者能表現出更穩重的涵養，及表現出更大方的談吐與舉止時，即是玩出了自己的玉品。

至於下等玉石，則無正面能量，故佩之養之反而令人有四大不調，身心俱疲之感。劣等玉石則更是有開啟禍端，長養痛苦的開始，佩玉養玉者不可不知！

寶玉重質地，更重精神；佩玉重福慧，但更重卓越！總之，長期佩戴讓自己賞心悦目的天然美玉時，自然就能體會！

1-9 如何收藏到一流的翡翠玉石？

收藏翡翠玉石的概念是建立在對翡翠原料與雕刻工藝的認知基礎上，市場上的價格只是一個參考，不能光聽價格來決定作品的價值。

記牢上流社會的收藏原則

以下為基本的收藏原則：

1. 質地不夠細，水頭不夠好的不收
2. 顏色不夠鮮明的不收
3. 原料毛病過多的不收
4. 原料毛病過多而導致工藝複雜的作品不收
5. 太薄、太小的不收
6. 工藝太差的作品不收

◆ 原料太薄冰種觀音適合佩戴不適合收藏

要非常熟悉掌握各種檔次翡翠玉石質量的好壞

如果對翡翠玉石收藏的概念不求甚解，只是聽人家說翡翠玉石的原料如何稀少或這幾年漲了幾倍而胡亂收藏，那只是讓一些賣成本低、利潤高者大行其道而已。這幾年翡翠玉石的漲幅確實是高漲，一些收藏者紛紛入市，好作品通常也不便宜，要想買到合理價格而又具收藏等級的翡翠玉石，不做功課、認知不清是愈來愈難了。

買玉需戒貪

常有人玩玉玩到走火入魔，就是不管什麼好的不好的都想要，一心只想撿便宜，到後來不但被便宜給撿了，甚至到後來成了物品保管員，生活沒品質，最慘的是收了滿手沒價值的「垃圾」；有些認知不佳的便會「誤入岐途」，為了銷掉滿手的「垃圾」而自圓其說。

其實真正的鑑賞並不一定要全部占有，而是在於關注一件作品真正的意涵及背後的文化，然後加以欣賞與傳承，來豐富自己的人生。有這樣的心態才能收藏到真正的價值。

◆ 收藏級綠色翡翠玉印

2-1 心靈的寶物

賞玉者，盡其心，知其玉也；知其玉者，則知天矣；玉存於心，養其性，所以事天也。

◆ 近年來帶色的翡翠手鐲千金難求

◆ 冰種放光手鐲也成了點石成金的最佳代言人

賞玉是賞玉之品相的討喜及巧工之精神，乃至於其藝術的境界；對於美玉，能夠再進一步盡自己的心思去識玉，就可以明白玉的本性及所屬；而能夠注重一件美玉，就有機會進而領略到宇宙間一切現象與事物變化之因果，自然趨吉避兇而不自知，故玉是否能避邪保身在此即可看出其端倪。

每位愛玉的人其終極目標便是找到一件自己所屬的美玉，而愛玉者的最高境界，則是找到自己內心中所存在的那一塊美玉，發現自己自性所發出的光明，也就是像一件純靜無邪的美玉一般的光明。當達這個此境界，就能夠守住自己靈明的心，找回自己所具的德行及作用，自然就能應付天地間一切的變化，雖然只是心境上的轉變，但明心見性，回歸自然，不也是一種事奉敬天的表現嗎！

有了這樣的認知，便不會在意生命的長短，人生的得失，且明白惟有修身心以等待時機的變化。沒有強求就沒有貪，這也是對於「禮」的一種體現；不強求自然能得其所有，正心正意自然能得其美玉，否則美玉到手也只是曇花一現。而懂玉的愛玉者，自然也是點石成金的最佳代言人。

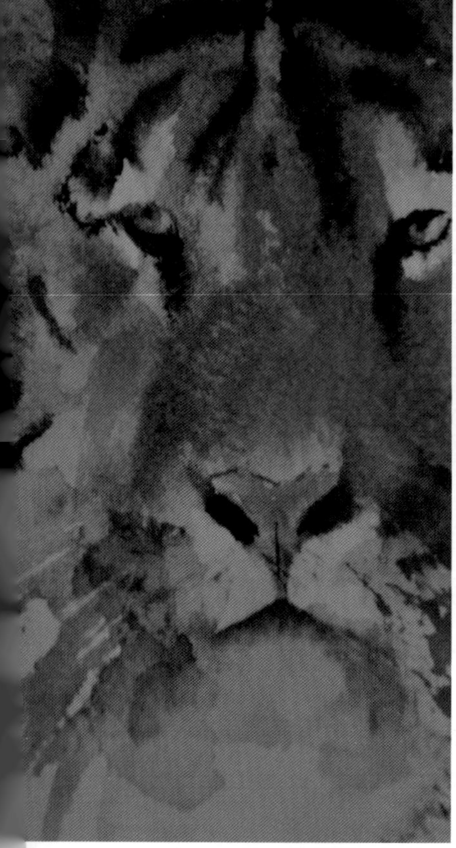

為何黃金有價玉無價？

黃金有價玉無價，指的就是翡翠玉石自身的價值，而這價值有一部份是來自於歷史和文化價值的加持。

孔子是最重禮節的至聖先師，論語內有載，當遇急打雷或颳大風之時，孔子臉色必轉為不安，以示對上天表示敬意。玉在古時本就是禮器，「禮」這個字將其拆解，便是有兩串玉在內，代表玉是以前祭天與上天溝通的器具。故孔子對玉的重視自然不在話下。

其實孔子是達到人玉合一之境界的賞玉者，對玉不但有獨道的見解，而且也是一個相當懂得經營投資的智者。

孔子惜才如玉

有一次子貢見老師孔子有才能而不出來做官實在可惜，便藉以美玉來觀夫子藏用之意。

子貢問孔子說：「現在譬如有一塊美玉在這裡，是把它用盒子裝好收藏起來呢？還是找個好價錢把它賣掉？」

孔子說：「賣掉吧！不過我得等待有人識貨出高價者來買，才肯賣哩！」

孔子惜才如玉，反觀今日許多人不知惜美玉而以商品視之而賤賣，到頭來手上美玉盡空，近幾年美玉至少漲了10倍，不少人因而惋惜好東西不在，想再買回財力已不足。

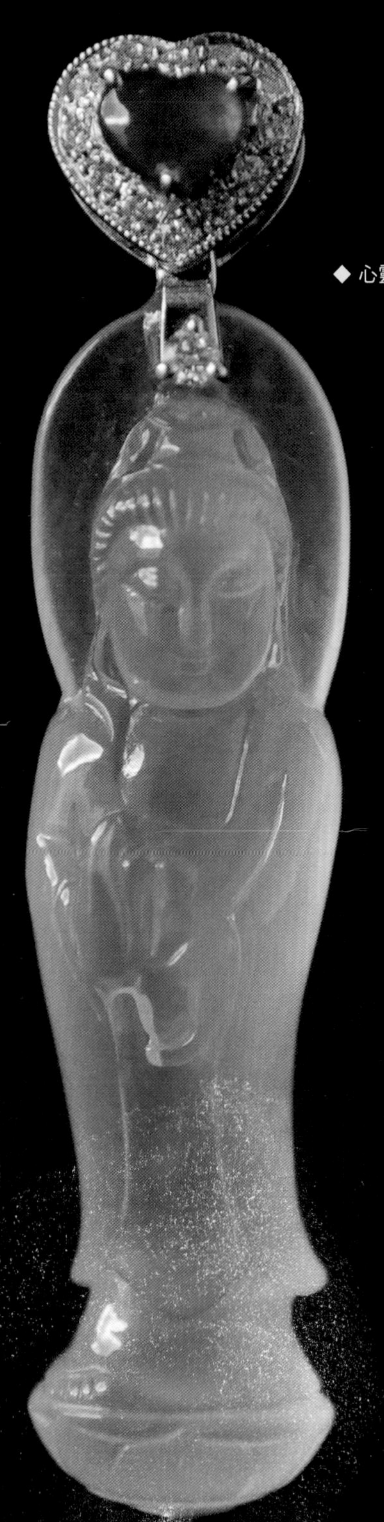

◆ 心靈的寶物帶給人靈美的悸動

賞玉的精神

若內在沒有一顆更寬廣的心，便無法鑑賞出有靈性的玉，自然會執著於以價格高低來論玉。鑑賞一件美玉，如不是用發自內心的情感去欣賞，實在很難品嚐出其美好之處；玉也講求緣份，有緣無份或有份無緣即使遇到美玉也不相識。而買玉注重的則是難得與玉的質地，故以比價的心態想擁有美玉就像買樂透一樣只能靠運氣。

2-2 ABCD貨的定義

識翡翠玉石的第一步，就是要知道什麼是A、B、C、D貨。

在2010年3月的廣州日報就曾報導，廣東省珠寶玉石及貴金屬檢測中心在3月15日舉辦了一場免費檢測諮詢的活動。這個活動所收到310件的受檢測的樣品中，不合格率高達50%，而其中不合格的90%都是玉石。可見一般消費者對於翡翠玉石的認知很薄弱〈可能連賣的人自已都搞不清楚〉，加上相關資訊來源不多，大部份的消費者對於翡翠玉石的選購普遍信心都不足。

有些店家甚至還以1折的手法來促銷，基本上這不是行銷上的欺騙，不然就是以利用一般消費者貪便宜的心態，以B、C、D貨來詐欺無知的消費者。

翡翠玉石的市場良莠不齊，「假寶玉」滿天飛，但只有未經人工處理的A貨才有升值的空間，其他的B、C、D貨都不具投資價值，也不值得佩帶。所以消費者或投資人最基本的，都一定要先了解翡翠玉石的ABCD貨是指什麼。

翡翠玉石的A、B、C、D

翡翠的組成礦物主要是輝石族中的硬玉，其成份為矽酸鈉鋁，產地主要在緬甸。由於高檔翡翠玉石的產量少且價格昂貴，因此就有人將顏色及種地較差的玉石，以人工的方法加以處理，使其提高相貌及價格，甚至為利益而造假以此獲取暴利。

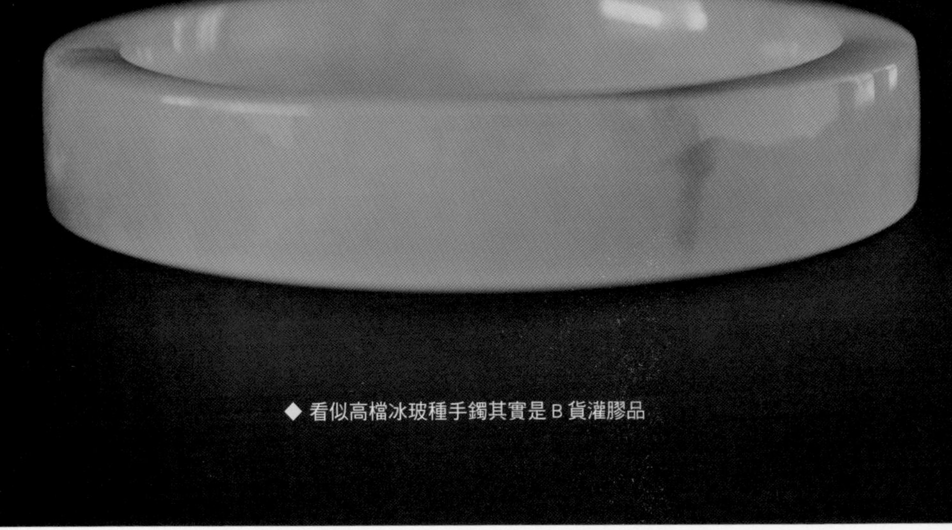

◆ 看似高檔冰玻種手鐲其實是 B 貨灌膠品

一般的玉石成品有分為A、B、C、D貨，依照中國翡翠國家標準且可再分為5種處理的程度：

翡翠	漂白、浸蠟	改變外觀	處理(A+B)
	漂白、充填	改變外觀	處理(B貨)
	加熱處理	產生紅色、黃色	優化(目前歸納在A貨)
	覆膜	產生綠色	處理(D貨)
	染色	產生鮮艷顏色	處理(C貨)

A貨則是未經任何充填處理和加色等化學處理的天然翡翠。晶體結構及顏色皆不經過化學藥劑及人為破壞的天然活玉。

B貨通常是針對瑕疵較多且質地較粗之玉石，用強酸強鹼將溶出其雜質後再充填膠或其他高分子聚合物使其更接近高檔貨的質感，其英文為Bleached & polymer-impregnated jadeite也就是指經過漂白和灌膠的硬玉。但因其顏色未處理是天然的，所以其明亮程度以灌填在內的膠或膠的老化程度來變化。

◆ 真正的 A 貨手鐲

C貨則是染色的玉石(Colored jadeite)，一般大多染成綠色，也有染成紫色和黃色；

當然如同時存在充填灌膠和加色處理的就稱為B+C貨；

還有一種在「他種」玉石上鍍上綠色薄膜，或把其他不是玉的替代品冒充翡翠此皆稱為D貨。

所以ABCD貨並非是對於玉石的分級，而是表明此件玉石翡翠「是否遭受人工處理，或以假為真」的身份標記。

B貨或C貨雖其礦物成分是天然翡翠的成分，但所用的化學處理方法不但破壞了翡翠原有的結構，且會使得翡翠玉石的顏色變得不穩定。有此概念後就可針對ABCD貨來做探討。

2-3 只要是A貨就可以放心嗎？

完全未經任何人工化學處理的翡翠就稱為A貨。就是指原料經機械的切割、粗磨、細磨、拋光等工藝過程製作而成的翡翠玉石。

而目前因為科技發達，有些業者為求暴利，不斷研發，研究出一種A+B貨。

A+B貨不用強酸強鹼腐蝕、漂白和灌膠，而是利用弱酸弱鹼將本身質地不錯的玉石加以清洗優化。A+B貨因有人認為並不影嚮和傷害內部結構，故在2003年以前也號稱為A貨。在1997年大陸珠寶玉石國家標準，將翡翠飾品、雕件的翡翠漂白、浸蠟歸為優化，屬A貨範疇，主要論點應是認為，翡翠飾品從明末清初將近300年的歷史，翡翠採用梅酸漂白，浸以很薄的臘，這些原屬傳統工藝，為的是使能更顯現翡翠之美。但因市場上爭議多，許多不肖業者鑽漏洞，故在2003年後，大陸新的國家標準規定，只要是任何化學加工包括注臘都視為處理，都不能算是A貨，但同行為區別和B貨的不同性以反應玉石的價格等級，故以A+B貨稱之。

2003年後的規定

近年來翡翠市場供給來不及應付需求，為了使人力更有經濟效益，故許多廠家在拋光上的工夫不加重視，為節省成本，改以浸蠟替代，將翡翠作品放入臘鍋中長時間煮沸；有的則更離譜，因為A貨與B貨的價格相差甚大，因為充臘和充膠的視覺效果差不多，故將原本要將聚合物充填處理的這個過程改為浸臘，因為在2003年之前，浸臘處理的翡翠仍屬A貨的範圍，故許多業者便以此為A貨自居。因此越來越大量的翡翠玉石作品，臘是越浸越多，變得浸臘這個過程不但

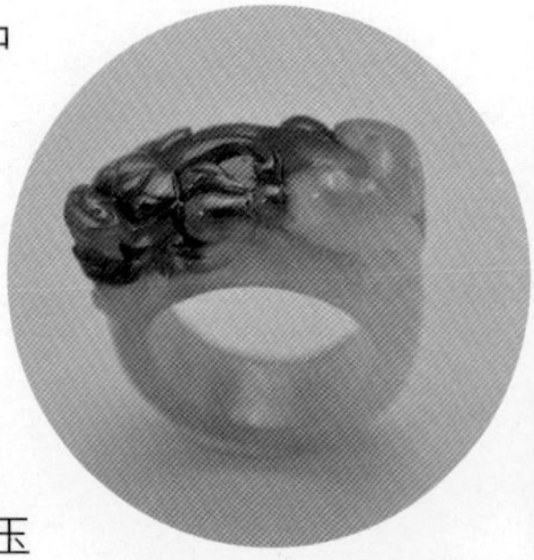

◆ 此件神獸玉戒，雖顏色不夠均勻完美，但卻是個道地有價值的真A貨

無法將翡翠作品的美展現出來，還弄的翡翠玉石的表面模糊不清。相信2003年新的中國珠寶玉石國家標準是為杜絕此一漏洞且為保護消費者而生。

但這其實也有些判斷上的矛盾，因為現在許多的翡翠作品在拋光的步驟一般多少都會用臘來修飾，以上臘為最後一道工序主要應為了是增加翡翠飾品表面的光澤，填補一些雕件的邊邊角角，或是填平因加工所造成的粗糙面或翡翠本身的細裂紋使其更光滑，且有保護玉石的作用。

大陸珠寶玉石國家標準，將翡翠飾品、雕件的翡翠浸蠟歸為優化，經推敲其意思應該説：1.完全天然的翡翠玉石上臘是為了有薄薄的一層保護及美觀——A貨；2.經過強酸或漂白的翡翠玉石因其結構外觀改變，其浸臘的目的是為魚目混珠想以A貨自居——不是A貨。

如果翡翠玉石沒有經過強酸處理，即使利用長時間浸蠟，就會改變其結構嗎？高密度的玉石到底能吃進多少蠟？當然如果翡翠玉石的質地很好，其實也無需如此，因為好的料經過一般的拋光工序就亮的很，所以浸蠟沒有意義。這個議題應當留給專業的鑑定人員去研究。

個人認為用蠟的程度可薄不可厚，結構沒改變應該才是重點。

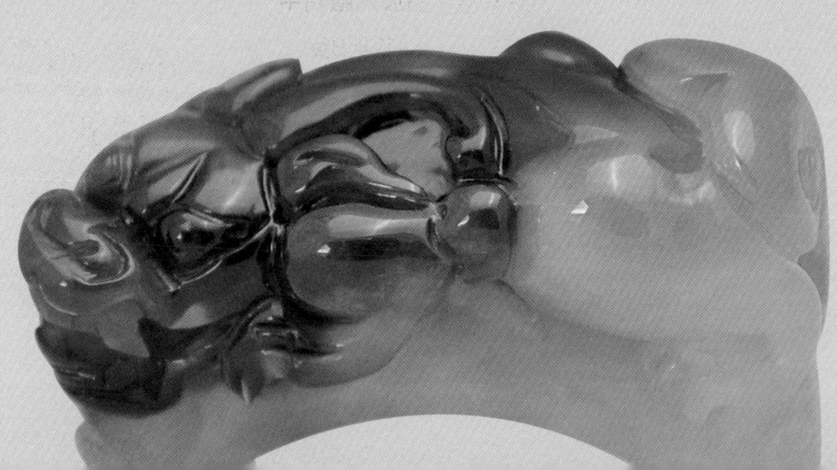

市面上的A貨也分3種

真的A貨：純粹由物理機械加工過程製作而成，一般高檔的翡翠飾品大多是由此方式製成成品。

類A貨：另一種是利用化學處理溶解漂白翡翠表面染質色調，使其表面更加美觀，因溶解只限表面，故一般也被稱之為A貨。此類原料所做成的玉鐲因其結構沒有受到較大的破壞，有時也看不出來，且敲後聲音依然清脆。以敲玉器來聽聲音來判斷是否為A貨，當然如因其質地細，敲其聲也會有鋼音，許多礦物如水沫子等也具有鋼音，故此方法也是僅供參考。

目前送有信譽的鑑定是較沒有爭議的做法。

根本不是A貨：市場上也出現一種叫A+B的，就是採用最新研制的有機膠進行權注，使其成品無論從硬度、聲音和光澤上都與A貨十分接近，事實上這就是B貨的一種。至於這兩種A+B貨的區別就得利用放大境看其內部的綿絮物分佈和裂紋情況再加上鑑定來做判斷會較客觀。

一般而言，綿絮狀及裂紋較明顯的多是天然翡翠，各方面看來較完美的多是處理過的翡翠；選玉其實就像做人一樣，可以包容真實小缺點，也不要屈就接受處理後那虛假的美。越完美的東西越要小心。如果成品完美，價格又便宜通常多是陷阱。

以往優化和處理其界限在於是否有注膠。如今，所有一切改善翡翠外觀的方法均應屬「處理」，不過一般翡翠飾品經過處理輕微的優化並不易辨視，建議不懂的消費者除了請教專家外，最好也送科學的鑑定來確認。只能說，要擁有一塊完全天然的A貨翡翠玉石真是越來越難了！

◆ 經過酸洗灌膠後的原料。原本黑的部份會洗掉，使帶暗的綠色變的鮮艷好看。

2-4 B貨真的很美嗎？

B貨第一眼看到會很透明美麗，但戴的越久則越醜陋，且會失去原來的光澤。

天然翡翠在河流的長期搬運的過程中，水中所含微量的鐵質會浸染到翡翠顆粒之內，因此有些玉石表面常有一層黃色的物質使其賣相及價格不佳，故通常會先浸泡在強酸中脫黃漂白，使鐵質溶到酸裏。漂白過程中雖除去了鐵質，但也溶掉了部分易溶的礦物，所以本來在玉石上的綠色就會顯得鮮艷可賣好價，但也因結構已遭破壞，故質地已變得鬆散。為填補其空虛，之後會利用一定濃度的清洗液來中和其組織內的酸，再利用高壓法將粘性強的高分子聚和物來充填其內部的縫隙使受損的結構凝聚加固，一般常用來充填的高分子聚和物多為環氧樹脂。

經過人工漂白灌膠的翡翠雖變得底色較白，綠色較鮮，透明度好，看起很像是高檔翡翠，但是，結構的破壞影嚮了翡翠的耐久性，一般使用一段時間表面便會變得不光滑，且時間久了其內所灌的膠對熱水會較敏感且易受一般洗劑的溶蝕，故會使其顏色漸生變化，而其內所灌的膠有些也會變黃

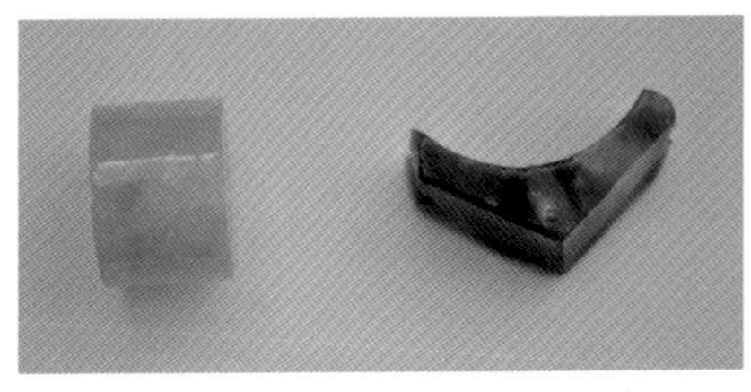

◆ 經過人工漂白灌膠後的原料綠色變的更鮮艷，可賣好價格。

B貨如何做初步判別

1. 從光澤：

對於常在研究玉石的人而言大多會先從判別玉石的光澤著手，以減少受騙的機會。主要是因為B貨雖利用酸洗、漂白及灌膠使其外觀水頭很好，但從表面光澤去看，會多了一份塑膠光澤，也就是一種膠感。可是卻缺少了一種玉石的寶氣，天然翡翠其光澤應為玻璃光澤，有時還會帶點油脂、絲絹光澤。

◆ 灌膠的 B 貨，雖有透明度但光澤總是多了一種不自然的膠感。

◆ 經過酸洗處理後的翡翠玉石結構會更鬆散

2. 從結構：

晶體結構因受破壞故有錯位、位移，且顯的鬆散，其玉鐲敲聲發悶。綠色的定向性被破壞故顏色顯得有些漂浮。天然翡翠的重要特征就是具有翠性(晶面的閃光)，不過質地較細的翡翠有時也會看不到翠性，所以有翠性不是天然翡翠唯一的條件。

3. 用放大鏡去觀察

以25倍以上的放大鏡去看，通常可看出玉紋遭到破壞的蛛網狀。不過有時因有些部份不易拋光(如平面)或種地較佳的玉石因經風化作用也會有類似明顯的孔隙和網紋結構。A貨的網紋是因顆粒的交接所產生；B貨的網紋是呈縱橫交錯，且表面佈滿線修彎曲不一；再仔細觀察A貨翡翠表面的特徵，晶界清晰，也會有凹凸不平的坑點在晶粒相接處以三角形或多邊長條狀的形態出現，比較像是雞腳紋。而B貨的坑點多以溶蝕像孔洞般的形式出現，其型態是圓、深、黑、且邊緣有鈍蝕狀，有如桔皮組織。須對翡翠的結構有完整的知識和看多的經驗才可做出正確的判斷。

◆ B 貨易在坑點處有蛛網狀的鈍蝕，配戴的越久會越明顯

4. 是否有螢光反應：

大部份未經處理的翡翠對紫外線不會有螢光反應，只有當翡翠玉石含有螢光性礦物石，在紫外線的燈照下，含發光礦物的部位才會發出螢光，不過一般也不常見。

現在的翡翠B貨，很多都是充填有機膠，在紫外線下會有明顯的藍白色螢光反應，不過現在有很多高檔B貨也是沒有螢光反應的，隨著處理技術日益進步，有些染料在紫外線燈下也不會有螢光反應。早期的B貨很少會染色，不過目前很少有單純的B貨了，一般都利用染料去染色，染料的不同也會使得在紫外線燈下，所發出的螢光顏色和螢光的強弱度有所差異。

◆ 酸洗充膠處理翡翠在紫外燈下所發出的螢光較明亮，多為藍白色。染料不同，所發出的螢光強弱程度也會有所差異，個別染綠的會有極強的紫外線螢光。

翡翠自身顏色和透明度也會影響其紫外線的發光性，甚至如果翡翠的結構不夠緻密，在拋磨時遺留在翡翠表面的一層蠟也會發出淡淡的螢光性。故必須綜合其他方法去分析才能得到正確的結論，螢光反應只能作為輔助性的鑒定方法。

當然也有一些具毀壞性的識別方法，如用含酒精的棉球擦拭鍍膜翡翠會使棉球染綠；或者利用火在玉上加熱，如有變黃或燒焦更是內含環氧樹脂等，雖這些方式對真品不會損傷，但這些方式較一般不會輕易採用，一般我們到店家買玉，就算是真的A貨，店家也是惜玉如珍寶，怎麼可能捨得讓人這樣搞？所以實務上沒人會用這個方法來判斷。不過可從一些簡單的邏輯來研判，基本上如其表面帶有許多黃色斑點的是B貨的機會不大，因為製作

B貨用強酸去漂白時，一些如黃色染質的礦物通常都會被洗掉。

B貨雖價格不見得比A貨低，有許多種地不佳的A貨也不值錢，但是不管如何B貨完全無收藏價值(也許有些人認為有商業價值)。傳統的B、C貨大多用低檔玉石加工，在新的山區、新挖採出來的玉石，就稱為新山玉，開採的時間在老廠玉之後，而近期的B、C貨則是用近年新坑玉石，是產自緬甸北部斯碼地區的一個叫「八三」的地方，也有人說發現於1983年故稱之，一般巴山玉就是指此。價格只有中檔翡翠的十分之一左右，但沒什麼價值。八三玉主要成份與硬玉相似，但質地較鬆，晶體顆粒大，透明度不高，色與底往往不能良好結合，所含的其他礦物較多，故常拿來做B貨處理，有些商人為避鑑定，所以改充填透明度較高的石臘來充當高檔翡翠。

雖然利用鑑定是公正的做法，但採用最新科技的B貨漸漸其完美度已接近A貨，分辨更是不易，鑑定者的功力將受到考驗，未來只有不斷進步具有信譽的鑑定業者才能生存。

好好愛惜手上所擁有A貨翡翠吧！未來A貨天然美玉的價值將易漲難跌。

◆ 高檔品的B貨挖底硬玉

2-5 好色者小心買到C貨

染色翡翠就稱為C貨。

◆ C貨染色手鐲，乍看之下似乎像高檔玉鐲，但久看顏色很不自然

染色翡翠就是將染料沿著翡翠的裂隙滲透到礦物顆粒之間的內，使翡翠原來的顏色變得更艷麗。有專門在為人染色的玉石處理工廠，基本上人工染色，多是利用長時間反覆加熱同時侵在染料中，利用人工加熱破壞玉石結構使染料進入內部，所以C貨不一定需要洗酸才能破壞玉石結構。有些玉石質粗很容易就可以破壞其內部結構加以加工了，如質地較差的豆種或花青或白底青料。

◆ 染色手鐲邊緣在強光透射下易呈現細絲狀

C貨有以下特徵：

1. 顏色較鮮艷，不自然。
2. 其色大多分佈在玉的表面。
3. 顏色多附著在翡翠的裂縫間，易有團塊狀或網狀分佈。裂縫中的顏色較其他部位濃或淡，空隙大染料多顏色自然會濃；怕被人發現有染色故有些人會再進行褪色處理故顏色會有淺淡之感。

◆ 染色翡翠，以假亂真

4. 在強光透射下其色會均勻分布在晶粒四周或裂隙中呈現細絲狀。
5. 人工上色的翡翠，顏色過渡較含混不清，有一種暈染的感覺。

在漂白灌膠後再進行染色處理的則稱為而B+C貨。B+C貨雖利用酸洗、漂白及灌膠又人工染色使其外觀看起來顏色和水頭都很漂亮，價格又便宜，但其不但沒有收藏價值，且因經過強酸處理，玉石內有不少化學藥劑殘留，許多玉石師傅看不懂ABCD貨，但只要將玉一磨，聞到難聞的氣味，即可判斷此件玉石經過酸洗；試想：這麼毒的東西載在自己身上，即使不傷身也很不健康，故千萬不能有買不起真的就戴假戴美的之心態，寧可不戴也不可傷了自己而不自知。

2-6 在玉的光環下而提高身價的D貨

D貨是利用玉的替代品來做物理冒充，分辨上較無爭議，是道地的假翡翠，甚至有些用完全與翡翠玉石不相干的石頭來進行加工充當B、C貨及A貨，屬於原料做假。市場上較多用染色石英做成戒面，或以玻璃加上有機染料做成高檔翡翠，如稱為馬來玉的高綠在幾年前就以高檔翡翠充斥市面，受騙者大有人在。另也有用塑膠或其他相似玉石來加工。總之，許多不是玉的稱為玉，就是希望魚目混珠，讓不瞭解者將其當成緬甸的翡翠玉石，以提高身價。所以千萬別以為稱為玉的就是有價值，切記非軟玉或硬玉者，勉強只能稱為「普通玉石」，用這樣的思維來想也許會比較清楚。

◆ 染色的東稜玉充當翡翠歸為D貨。含鉻雲母的石英岩俗稱東稜玉，成粒狀結構，顆粒間的鉻雲母成片狀。

真正精細的處理品，外行人難以肉眼辨別，必須行家以科學的方法加上經驗才能有效鑑別，不過對於一些染色做工較粗糙的處理品，可以簡單用一些特徵去判別：

1. 顏色偏暗偏藍不夠自然，外表光澤較鈍；
2. 顏色像存在表面，看起來浮浮的，顏色特別鮮艷；
3. 顏色的分佈如樹根一般分佈全石，主要是色區已遭破壞；天然翡翠也能見到樹根絲網狀的色彩分佈，但那種樹根絲網本身色彩分佈比較均勻，色塊之間沒有漸變過渡。
4. 光澤不佳，玉的精神較差；

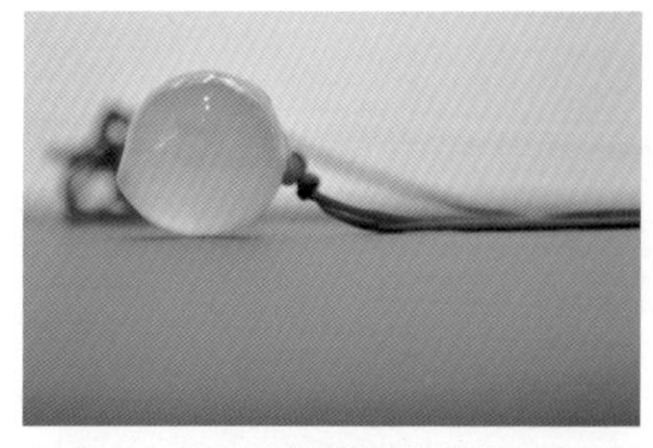
◆ 具有水頭的玉髓也常被當成是冰種玉賣

5. 顏色染的太過均勻，千篇一律，天然翡翠的顏色界限之間會深淺分明。
6. 翡翠為粒狀或裂片斷口

另外D貨中有一種披覆處理，就是所謂的鍍膜翡翠。其方式就是「他種」玉石上包覆著一層很薄的綠色膠膜，讓其看起來猶如高檔綠色翡翠，一般鍍膜翡翠有其特徵可判別：

1. 表面看似光滑但無真正翡翠的粗糙面，且手摸有澀感。
2. 將翡翠底部朝天，可看到顏色集中在玉的周圍。
3. 用刀刮其色膜會成片脫落。

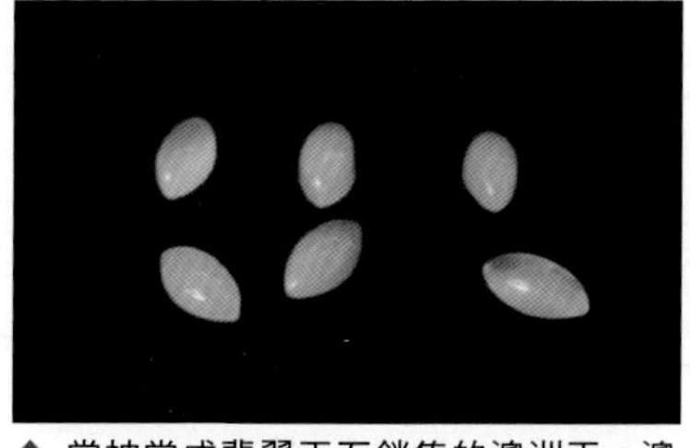
◆ 常被當成翡翠玉石銷售的澳洲玉，澳洲玉是隱質結合體，為玉髓的一種，顏色沒有層次感，密度和折射率與翡翠完全不同。

非正統玉石

硬玉成份不足80%以上的玉石，嚴格來講，有些行家認為應歸於非正統玉石，如市面上有些被當成墨翠〈綠輝石質翡翠〉賣的翡翠玉石，其實是水頭較乾的墨玉〈閃石玉，與硬玉共生的角閃石礦物〉。市場上常看到的鐵龍生因其中的鐵和鉻含量較多，故水頭差〈幾乎不透光〉，但因其硬玉成份高於80%，所以勉強可以稱為廣義上的翡翠玉石；而乾青〈鈉鉻輝石質翡翠〉的鐵和鉻含量更多，其水頭比鐵龍生的還差，雖勉強可屬廣義上的翡翠玉石，但價值也不高了；當乾青內含的硬玉比例再減少時，就成了市場上所稱的沫子漬，沫子漬的水頭差，顏色多為灰綠色，常被做為薄片飾品；而沫子漬內含的鈉長石成份再增加時，就成了水頭不錯的水沫子。

◆ 廣東的四會是玉器之鄉，多產中低檔的玉器。各類工藝雕品種類眾多，市場競爭力強。

◆ 廣東的玉器加工行業流傳着一句話：高檔看揭陽，中檔看平洲，低檔看四會。據說清代時就有楊美村人到北京從事玉器雕刻，後來回到家鄉從事翡翠玉石貿易。

水沫子和沫子漬為市場上所稱的翡翠殺手，不注意常會以為撿到便宜。

需注意的是，傳統珠寶界稱有色無水的沫子漬為乾青，故被認為是非正統玉石，但近來也有學者認為它的礦物組成和結構與翡翠差不多，重新定義銅鉻輝石屬於翡翠玉石的一種，所以也有另一種觀點認為沫子漬並非翡翠殺手。

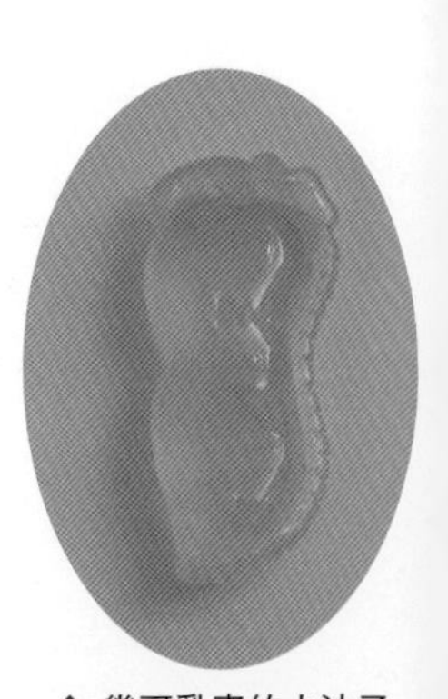

◆ 幾可亂真的水沫子似放光的冰種黃翡

因市場對於冰種翡翠的強勁需求，使得價格大幅上漲。冰種翡翠的仿製品也不少，其中鈉長石玉幾乎可以以假亂真。鈉長石玉也就是俗稱的水沫子，其特點是水頭很好，顏色近白色或灰白，常伴有藍綠色的飄花，酷似透明或半透明的飄藍花的冰種翡翠。在廣東四會的天光墟早市上有不少未拋光的鈉長石玉仿冰種翡翠出售，一般人易上當，有時聽價格尚可做簡單的判斷。也常見到用綠色葡萄石來仿冰種翡翠，還有就是利用處理過後的綠色石英岩來仿冰種翡翠。

◆ 風雨無阻的廣州玉器早市。

能夠識玉才稱得上具有鑑賞的能力

大陸玉市場從業人數眾多，加上現時開礦的科技日益進步，雖然低檔玉石的供給會越來越多，但翡翠玉石的老礦坑越來越難挖到質種色好的翡翠，所以近年來許多翡翠玉石的經營者紛紛改行或改經營其他珠寶或和田玉，因為隨著A貨翡翠的礦源日益枯竭，經營成本也越來越高，現在連和田玉也因大陸的收藏家的愛好而水漲船高。玉的價值受到許多人的肯定。

傳統的翡翠鑑定有很多的理論知識，所謂科學的方法，例如光譜分析，折射率等等，一般人根本看不懂，而且無意中遇到好東西有時也不可能有儀器馬上可鑑定，聽商家的說法往往會上當，比如什麼燒頭髮等等，常是不懂教不懂的。所以多看多比較當然會比較能作初步的判斷。

玉的鑑賞不是只有一種方法，但重要的是靠自己不斷的比較才真實。自己手上沒有幾件美玉，說會鑑賞玉都是空的。所以想進入鑑賞翡翠玉石之門，擁有幾件不同種地的玉石是入門可說是第一步。

2-7 殘留拋光粉的翡翠是A貨還是C貨？

拋光是翡翠加工中最後一道的手續，玉的質地佳加上優異的拋光技術則成品必定光亮美麗，故拋光價格差異也不小。拋光有分為機器及手工，也有半機器半手工，拋光方式也會影響到翡翠成品的細膩度。

現在一般拋光多用金鋼石粉或剛玉粉，近期也有用氧化鉻作為拋光粉。氧化鉻拋光粉為深綠色，化學成份為三氧化二鉻，有毒，對於拋光者的身體並不好，但拋在玉石上的效果很好。因其有很高的遮蓋力，附著力又強，故不適合拋顏色較淺且有裂紋的翡翠玉石，因為拋光粉容易殘留在玉石表面的坑洞及裂紋中，使翡翠玉石會產生顏色上的改變。

一般在白色基底的玉石上易看在有拋光粉的存在，有的玉石由於質地較粗，也易發現拋光粉集中在其表面的坑洞或裂紋中；拋光粉太多的話也會成片狀而呈現淡綠色。即使翡翠玉石的水頭好，拋光粉就算不多，也會造成顏色的影響，如果其基底為淡綠的話拋光粉的加入會使得翡翠玉石的綠更濃，自然賣價可以提升。當然質地越細的翡翠玉石越不易受影響其本身的顏色，但其實在顯微鏡下仍可見。目前用綠色拋光粉致色的原料，大多會選擇結構疏鬆的玉石，以小掛件居多。

有人認為這只是翡翠玉石在拋光後工作不仔細所遺留下來，故仍屬A貨；但也有人認為只要看到有綠色粉末，就要當C貨來看待；另外也有人認為拋光粉是否當作染料要看對翡翠玉石的顏色是否發生影響，來決定是A貨或是C貨較客觀。也許客觀的看法較公平，但因每個人的認知會有落差，故如果針對拋光粉殘留的情況有太大的空間，那麼鑑定書的開立必定會漸漸失去公信力。

畢竟並不是每一位鑑定人員都那麼客觀公正，只有將嚴重殘留拋光粉的翡翠玉石列為C貨，才能真正維護消費者的權益。畢竟綠色拋光粉對製造者及配戴者的健康都不是正面的。

◆ 在緬甸的原石毛料產地，每日幾千台的載重車不分白天黑夜的開採，像這樣質優的翡翠原料也許不到 20 年就將枯竭。

2-8 肉眼看B貨可不可行？

對於一般的B貨，因為每天接觸觀察，故有些行家約可認出8到9成，不過大部份的人對於日益進步的高科技B貨，仍是有看沒有懂。看的出端倪除了經驗外，主要是從一些特徵上來分辨。

從光澤上來看：經過處理的翡翠其光澤往往呈現塑膠光澤或蠟狀光澤。

從顏色上來看：當有些玉石的顏色不合乎邏輯時就需要懷疑。當顏色是染色時，白棉會被所染的色所包圍，因為所染的色必定會沿著周圍晶粒向中間滲入；當遇到白底青種而又色鮮美且多色或色較浮時基本上就需多有警覺。

從螢光反應來看：有些光澤很強，透明度很高的質地，如有帶色的螢光反應時大多反常。

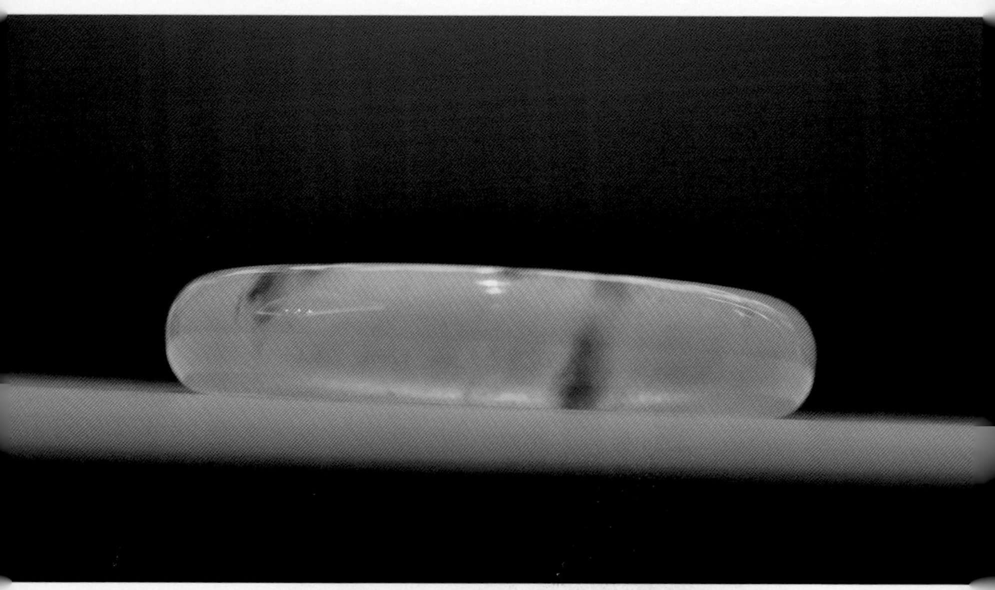

◆ 看似玻璃種的手鐲，雖可做到仿飄藍花，但邊緣泛藍綠螢光漏了餡經過了強酸肆虐的玉石，戴了既傷神又傷身

從裂紋來看：加工過的翡翠玉石很脆弱，結構失去彈性故邊角處多有裂紋，晶體也變的模糊而無邊界。

從工藝來看：通常雕工差的好料就需要注意。

從鑲工來看：有些非用K白金所鑲的翡翠玉石是反常的，高檔貨是不會用鍍金或銅合金來製作的。

這些特徵雖能分辨，但沒有經過訓練及有相當經驗者要看出其差異確實有難度，因為有時沒有加工過的翡翠玉石也會有類似的特徵，基本上在判斷上宜用多種方式去驗證，否則把天然的看成加工的，加工過的看成天然的可就貽笑大方了。建議對於有疑問的料子還是送鑑定先確認後，再來細細研究。

◆ 雕工不佳，經過注膠處理的白菜B貨玉石

另外，想利用網路上圖片購買到完美的翡翠玉石，基本上是不可行的，因為色差有時太大，同時真假好壞是無法用圖片看一看就可以判斷，就算真正內行的人也不可能只看圖片就能夠正確判斷的，在網路購買其實頗有「賭」的意味，況且真正賞玉除了看玉外，是去經歷那玉的觸感及帶給我們那種心靈的感覺，故網路的圖片僅能當作參考，而不能僅是依據那圖片憑自我想像就去下購買的決策。真要購買也許面交會較適宜。

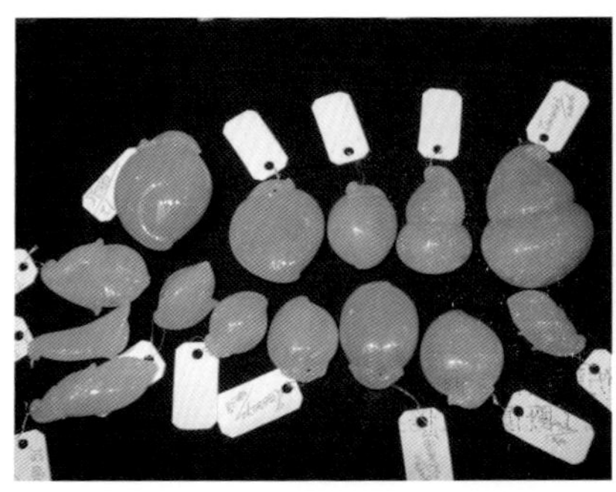

◆ 雖是A貨，但經過燈光背景或相機微調，色差就差很大，價格也差很大。

2-9 褐黃色的水鈣鋁榴石仿高檔紅黃翡

水鈣鋁榴石〈Hydrograssular〉有個特殊的名字叫「不倒翁」，以往市場上看到的不倒翁通常是翠綠色，雖很像綠色翡翠，但組成礦物卻不是輝石而是水綠榴石，晶體結構上屬於等軸晶系，具有均質性，但組成翡翠的鈉鋁輝石卻是非均質性。

新品種的水鈣鋁榴石緬甸及南非均有產，不易被一般消費者察覺主要是很少有人看過仿黃翡的玉石，再來也是因為以往黃翡價格不高，但近年來玉石缺乏，只要質種好有色的也跟著水漲船高，故市場上出現了較多仿黃翡的玉石。這種新品種的「黃翡」有著非常好的黃色，而且價格比一般種差的翡翠要貴上好幾倍。

它主要呈現不規則粒狀集合體，且沒有翡翠的翠性，折射率在1.72至1.74間，比翡翠高；密度也大於翡翠，大多在3.4至3.6間。故用手掂的感覺並不像水沫石那樣輕，也具有像翡翠玉石般沈的感覺，不注意容易上當。因折射率的不同，建議可從翡翠玉石的光澤及味道去判斷。

處理作假的手法日新月益，近期市場上也出現了仿冰種翡翠的處理品，就是將翡翠玉石本身的裂痕切開後，只將中間一小部份挖空充填染料，這種染料表現多為團狀，與一般染色翡翠呈蛛網細絲狀的現象較不同。此料的處理品因保有A貨特徵，又因冰種料處理的例子很少，故較不易被檢測出，目前這種做法多為染綠，尚未發現其他色系；對於這樣的新種的處理品，基本上一開始行家也是先從翡翠玉石的味道去體會觀察。

◆ 水頭不錯帶油味的水鈣鋁榴石常被當成緬甸玉

翡翠的味道

這種被戲稱為新品種的「黃翡」，通常都帶有種，而一般有種的翡翠玉石，同行間大多會用以下幾項形容詞來表達味道的類型。

一種是帶油味，料好但看起來較鬱悶的料子稱之；料子純淨的，通常會帶有較好的油味。另一種是糯味，帶糯味的底子甜，一般會講化的好；沒有裂沒有綿及紋的化地，也特別完美受喜愛，此以近期流行的木拿種為最經典的代表。

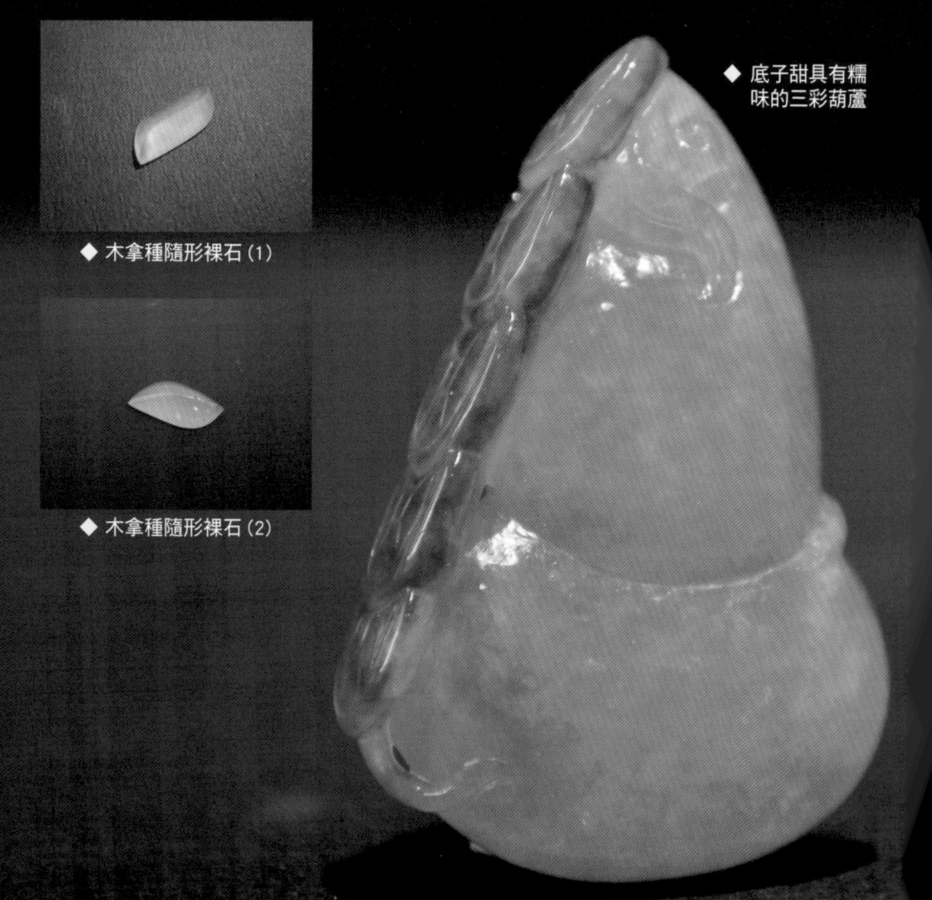

◆ 木拿種隨形裸石(1)

◆ 木拿種隨形裸石(2)

◆ 底子甜具有糯味的三彩葫蘆

如料子具有剛味甚至起螢光(也就是放光)的則稱為有冰味。

而水鈣鋁榴石通常接近帶油味，但是又帶了一股翡翠玉石所沒有的膠感，這種味道只能靠「細細品味」來理解了。

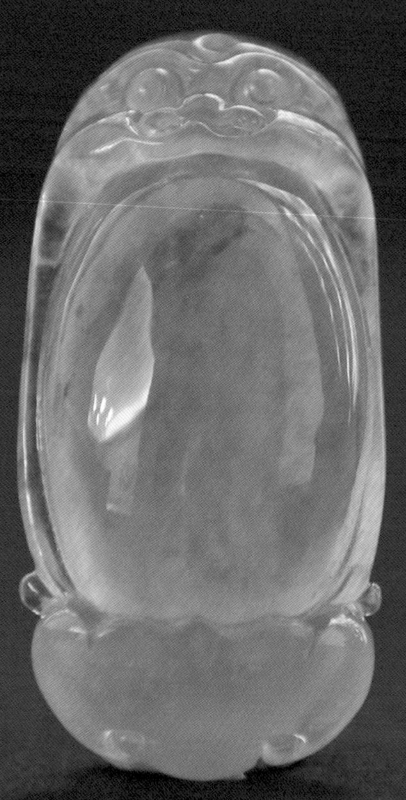

◆ 具有剛味起螢的料子

3-1
識玉能提升自我的質氣

翡翠玉石文化在中國歷史中的地位非常獨特，從「玉」及「禮」這2個字就可以看出玉的重要。在中國古代文化中，玉被認為是通靈寶物，唯帝王方可佩之，而玉這個字就是在表示王者之佩飾，也是王者的勝利，所以王旁邊有一點稱玉。 同時玉文化也是禮的一種體現，禮這個字包含了2串玉在內，代表玉是古時祭天和上天溝通之禮器，因此玉在古人的心目中是神的代表，通天的媒介。

什麼樣的人佩什麼玉是和於禮數的表現，古代官員所佩之玉要和乎他們所處之級別，否則就好像試穿龍袍的舉動一般，是會引來殺頭之禍的。這種規矩也是勸誡人不要以妄為常，可見古人重視的是內在身心的修養，這也就是我們對於玉文化所要傳承的精神。認真

◆ 玉文化的典型形象 - 送財童子

學習傳統文化，有助於調節我們的生活。要治療現代文明病如不安、孤獨等，可以把自己或小孩往文化及藝術上引，盡量保持心性的純粹，而認識玉是很好的一個開始。

我們的祖先在用玉方面有很高的境界，瞭解其所要表達的深刻含意，才能瞭解更深層次的玉文化內涵。

為什麼21世紀後患有精神病的人明顯增多呢？那是因為現在的人多追求外向的物質，而忽略了向內追求，寧靜致遠的意義。

在今社會己開放，大家皆有機會可以擁有美玉，以往玉是權勢和地位的象徵，但主要是因其代表了一個人的仁德及修養，故佩玉不可不慎。有許多人認為不過是戴個東西在身上，喜歡就好，講那麼多有什麼用？大而化之不求甚解還不是照樣戴。難道戴個價值連城的美玉就能大富大貴？殊不知無格不成局，沒有那樣的福氣，沒有天時地利人和之配合，也碰不到這樣的好機會，有這樣的機會但沒有正確的認知，就算有錢買，有德者也不願讓之，對於這樣的通靈寶物，自然也就擦身而過！

上流識玉者看玉是看其內涵及其涵意。而我們的層次也會透過所戴之物有所表達，識玉者一看到你所戴的玉，就略為所知你的情志所在，再綜合你的言談舉止，便可以判斷你的個性和身體上的許多問題。準確度很高，以邏輯來推論會戴了不對的玉，其因多是所遇非人，或者認知不明或不在乎，結果自然易情志不舒，內心難平靜。平靜的內心才能充滿能力與智慧，這可不是自以為是的凡夫心境，而是一種謙恭有禮的態度；再者，戴了不自然的玉石，人和自然無法達到和諧，外界環境的問題，一定會在我們的身體內有所顯現，因為不自然的玉石，已失去了生命力。故人有面相，玉也有玉相，而物以類聚。

有人說：天生石而又有玉及翡翠，就如天生人有君子又有君王。故玉和人的天命及道理是可以相通的。事業得意，要看人間的時勢，而得美玉，則要看上天的旨意。故佩玉焉能不慎乎？

◆ 史料記戴布袋和尚為唐末五代時奉化僧人。笑口常開的布袋和尚被稱為彌勒，給人大肚能容的深刻印象。

3-2 君子比德於玉的鑑賞法

玉是許多中國人都喜歡的寶石之一，因為玉的變幻無窮，甚至一塊玉可以同時出現多種顏色，質地好的更難得，因此一塊美玉具有很高的收藏價值；千百年來，古人以玉做為財富及階級的象徵，如今，玉雖不是唯一可以衡量財富的收藏，但以物件本質而做為道德標準的，玉卻是唯一。

玉文化歷史延綿了五千年以上，在傳統的文化中象徵了美好的意義及高貴的品質；中國古代的玉器文明是一段從未中斷過的歷史，其文化甚至可達中國史前文明時期。

玉文化已成為我們中國傳統文化中無法分割的部份；玉在人們的心中是美好的印象，凡是帶有玉字的詞都是好的，例如：美麗的容

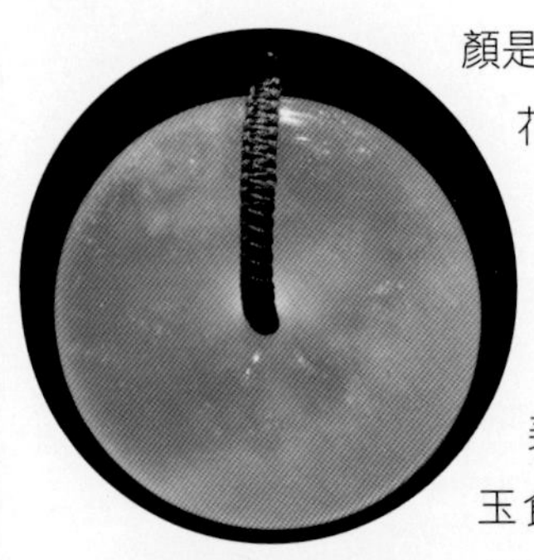

◆ 放光的玻璃種翡翠懷古玉璧，有如月圓。

顏是花容玉貌，如花似玉；形容人高貴的品德是冰清玉潔，溫潤如玉；美味佳餚稱為玉食，美酒稱為玉液等等。清朝詩人張潮認為美女的標準應為：「美人者，以花為貌，以鳥為聲，以月為神，以柳為態，以玉為骨，以冰雪為膚，以秋水為姿，以詩詞為心。」骨骼雖看不見，但如玉在山一般，會使得整座山別有一番靈氣，也難怪古人會有君子無故玉不去身之習慣。

要找到相同的玉石可說是難上加難，加上其所隱含的意義，難怪黃金有價玉無價。

孔子可以說是玉最佳的代言人，由一個孔子被學生請教的關於玉和君子之間的論述，便可看出玉文化最核心的理念。有一天孔子的學生請教孔子：為什麼大家重視玉而輕視像玉的石頭呢？

孔子的回答是：大家這麼做並不是因為玉少而像玉石一樣漂亮的石頭多，更重要的原因是：由於玉石凝聚了上天賦予它的特性，而這些特性與君子美好的品德是相符合的。

儒家思想是中國傳統文化的核心，儒家提倡德治，故孔子以玉作為它的政治思想與道德觀念的載體，孔子將儒家思想的精髓及許多美德賦於玉一身，所以玉便被人格化，道德化。

◆ 宋朝馬遠所繪孔子像

孔子認為：玉器溫潤所散發出光澤這是它的仁德；清澈而又細膩的紋理這是它的智慧；堅硬而忠誠不變節，這是它的道義；清廉而不傷人，這是它的品性；色澤鮮明而沒有污點，這是它的純靜；受到傷害而不屈撓，這是它的剛勇；在一件玉器上它的缺點和優點都毫無保留的呈現出來，這是它的誠實；而一件玉器上華美的色彩與上面的光澤相互映陳卻又互不侵犯，這是它的寬容；敲一件玉器而它的聲音清脆悠遠，純靜而不雜亂，這是它的條理；做為一位君子具備這些品德是他終身的追求，天然的玉石，由於上天的恩賜，已經凝聚了以上的特性，這正是君子需要比照與學習的境界，故君子比德於與玉由此可見。所謂「謙謙君子，溫潤如玉」，就是指翡翠玉石優雅貴氣的風格。

玉文化可以歷久不衰，有很大的部份就是儒家文化與玉文化結合起來的結果。

孔子能把玉認識的這麼透徹，相信絕對是一位懂玉也是愛玉之人，才能看出美玉的玄機及帶給我們的意義，原來早在幾千年前孔子就為我們點出了賞玉的角度，在早期如以孔子的審美觀來投資美玉，相信早就家財萬貫了吧！

先師孔子行教像

將孔子的論述加以對照，依照順序，便是現在我們挑選美玉的方向：

1. **相玉見品**──清廉而不傷人,這是它的**品性**
   〈這可指玉德〉
2. **巧奪天工**──受到傷害而不屈撓,這是它的**剛勇**
   〈這可指玉的剛勁〉
3. **潤則質細**──玉器溫潤而散發出光澤這是它的**仁德**
   〈這可指玉的溫潤〉
4. **透在水頭**──清澈而又細膩的紋理這是它的**智慧**
   〈這可指玉的通透〉
5. **色皆不挑**──色澤鮮明而沒有污點,這是它的**純靜**
   〈這可指玉的細膩〉
6. **實為美玉**──堅硬實在而又不萎縮,這是它的**道義**
   〈這可指玉的堅實〉

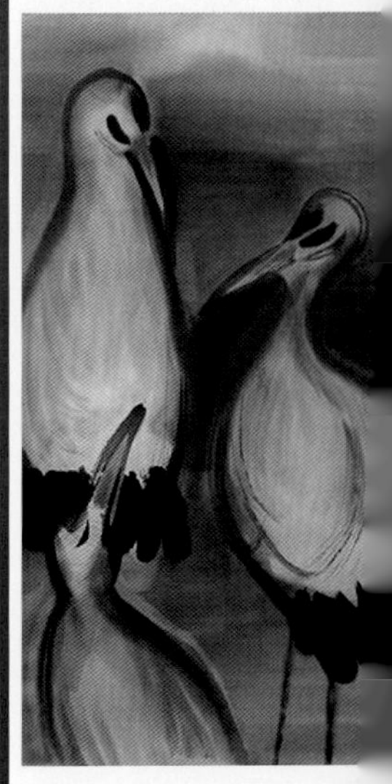

1. 相玉見品──清廉而不傷人,這是它的**品性**

一塊玉上手首先看其整體品相的討喜度，一塊美玉工不精巧，或料太髒都有損其品相，玉是吉祥的象徵，曾經看過一塊美玉雖工細但因刻了不祥的圖騰而乏人問津。扭曲不正的刻工也是不討喜，就好比看一個人看他的整體一般，一個品性好的人是大家所樂於接近的。

2. 巧奪天工──受到傷害而不屈撓,這是它的**剛勇**

一位技藝高超的工藝師，如遇到一塊質地不佳的玉石，再怎麼努力也難有好作品，所以我們所看到每一件雕工細膩令人嘆為觀止的作品，絕對是經過許多人的努力，以及天時地利的配合；而細膩的工法的表現大多以薄細來展現工藝，能承受雕刻刀不斷削減而不斷裂的玉石，就如同一個剛勇而不屈撓的人一般，故一件巧雕玉件作品值得收藏的價值就在此了。

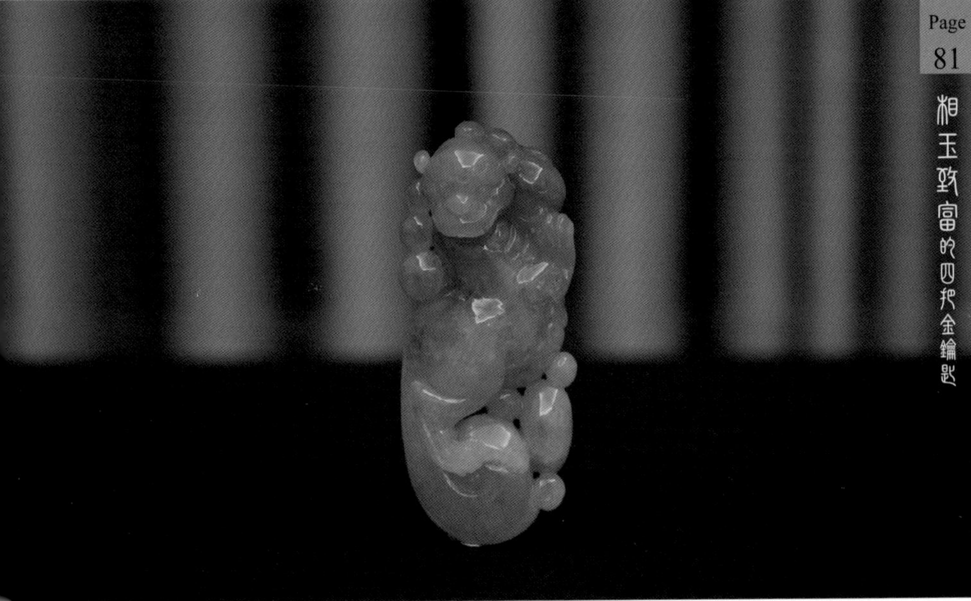

◆ 具有立體性的工藝

3. 潤則質細──玉器溫潤而散發出光澤這是它的仁德

一件質地細緻的玉器，所發出來的除了具有玻璃光澤外，會有一種溫潤而寧靜的光澤，這種光澤雖耀眼但並不刺眼，反而有一種祥和令人舒服的光澤，就好比一個有仁義道德的人，外表雖不奢華，但那種氣質及光芒是掩蓋不住的。而拋光度及質地細膩的翡翠玉石，手摸後也有一種非常舒服且溫潤的滑感。

4. 透在水頭──清澈而又細膩的紋理這是它的智慧

一件玉石內容亂七八糟，這樣的玉石掛在身上似乎告訴別人自已的粗枝大葉，因為我們所佩帶的玉正代表著我們自己的內心，因此我們會發現具內涵而有智慧的人身上所佩之玉石，必定是質地清澈而細緻。能有清澈透明之感的玉石必有內涵，且有一種含蓄的水頭，配戴久了必更能感受其靈美。

5. 色皆不挑──色澤鮮明而沒有污點,這是它的純靜

美玉的顏色真的一定要綠嗎？孔子在千年前就為我們破解這個問題。事實上只要是色澤鮮明而沒有污點的玉即使是白色，也是很美的，就好比跟一個純靜的君子相處一樣，令人感到舒服而親近；從近年來白翡的飆漲就可看出孔子的預測比推背圖還準呢！所以與其堅持顏色，還不如對色澤的鮮明度去選擇來的實在。這也說明了太過執著反倒不利於內心的清淨。一般而言，質地好的翡翠較可見到彩度及明度高的表現。

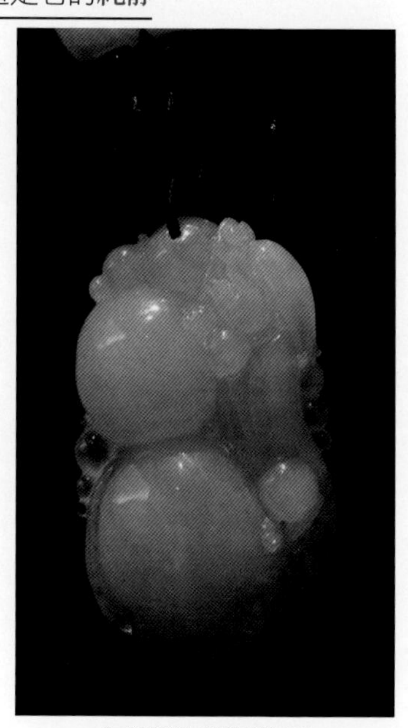

◆ 純靜的春帶彩色系

6. 實為美玉──堅硬實在而又不萎縮,這是它的道義

玉石有其物理性質，利用玉石的比重可以幫助我們鑑定，有經驗的人用手掂一掂如覺得太輕就知道可能不是玉了，甚至利用對玉的手感也能判斷。在沒有任何工具下這是最簡單及基本的判別方法，當然日新月異，現在的科技發達，假貨也能做到相當的比重，這種假道義也許是孔子始料為及的吧! 而玉石的硬度也可以用來做為鑑定的判斷，故「玉不入刀」就是說玉的硬度比刀硬；玉的硬度雖不如鑽石，但它的承壓性比鑽石大，故孔子以堅硬而又不

◆ 質地夠堅硬的玉石才能下如此的細工

◆ 巧色巧雕的彌勒作品──招財進寶

萎縮來做比喻是最恰當的。

其實看玉就像我們看一個人一樣，要從外看到內，從外表看到本質，從這個人的思想看到他的品德，再從這個人的個人意識來看他的認知，最後再以他的過去來推論其未來價值。

玉的屬性剛好與古人所推崇的德行有許多相似之處，可以說，玉是養德的好收藏。一個如玉品格的人，無論處於人生任何階段，相信皆能淡定從容，擁有自己特有而令人欣賞的風格。故不斷修鍊自己達到如玉的境界，不只是古人，也是值得我們去追求的一項目標。

翡翠玉石背後有著悠久的文明史及意義，愛玉就應該去懂得它，不愛者也值得虛心去瞭解這前人的智慧與傳承。

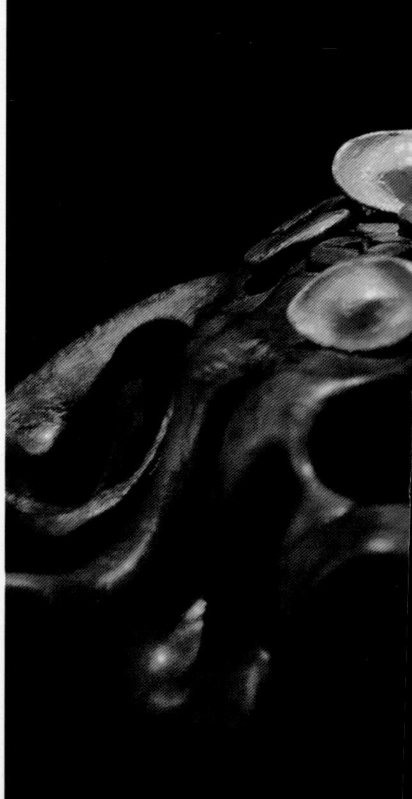

3-3 玉塑與藝術

唐太宗說：「玉雖有美質，在於石間，不經良工雕琢，與瓦礫無別。」

真正的藝術應是工藝與美感之修養所結合的成果。工藝精巧與寓意吉祥是好作品首要的條件。但如只是講求實用，但毫無美感就只能成為工藝品，談不上藝術。玉的藝術首先重視的是情的表現，利用線條的流暢來表達美的觀感，高尚的玉塑工藝令人百看不厭。刻人物皮笑肉不笑是工匠，刻人物皮肉都笑了才有情，工匠和工藝師的差別就在此了。所以玉雕師除了要有巧手外還需具備愛美之心，而玉雕只能雕琢，雕塑，就是無法雕刻，一刻線修就失了味，沒了美感。

就如近代著名畫家豐子愷所言：技術和美德合成藝術。故有技術沒有美德就只能稱為匠人。

法國羅浮宮內的3大鎮館之寶均為偉大的雕塑品，下圖的天使雕塑雖為石材，但藝術家利用了天使的翅膀傳達出所要表現的輕柔感，絲毫感覺不出石材的沉重，線修柔美而構圖精良，利用三角構圖來展現力與美，光線灑落後讓人昇起一種美的感動。這就是藝術的極致。

◆ 法國羅浮宮內的天使雕塑像

玉塑好壞的關鍵

談到玉器，由於玉料質地較硬較脆，再加上有時一塊料上的硬度亦不相同，故玉器只能慢慢雕琢而不能快快雕刻，故玉成器的過程有如為玉塑造，簡稱為玉塑。玉塑是成就藝術的開始。

◆ 色調深沈的玉石因利用拋霧光的巧思反而能表現古味而成佳作

◆ 大鵬展翅，如日中天──浮雕也是玉雕裡的技法之一

玉具有自然的美感，玉的剔透感更有助於表現玉雕作品的美，不過太過於透明的玉製成玉器反而對於工藝細微變化及雕琢主題會產生限制，味道也出不太來，故利用較質細潤美但不透的玉料來做玉器，再搭配上色的巧雕，反而比冰料更能給人明快之感。一件好作品並不一定需要上好的玉料，能夠利用創意和工藝來提升作品的藝術價值及內涵，化腐朽為神奇那才是難得。

玉雕師展現玉塑功力首要就是要能表達圓潤與溫潤之帶給人的和諧之感。玉器首重玉料的選擇，而玉料的質也很重要，但好的料未必會是好的玉雕作品，而次等料也可能做出有韻味的難得作品，所以玉器成敗的關鍵有很大一部份在於玉雕師的本質與靈感，可以說是用一半天意一半智慧來共同創造的。

◆ 長壽富貴──偏紅黃翡料
5 隻大小烏龜與古錢及荷葉互相搭配，表現緊湊層疊，整體呈現圓滑內斂之感。雖線條內收但卻不失活潑生動，且利於把玩收藏。

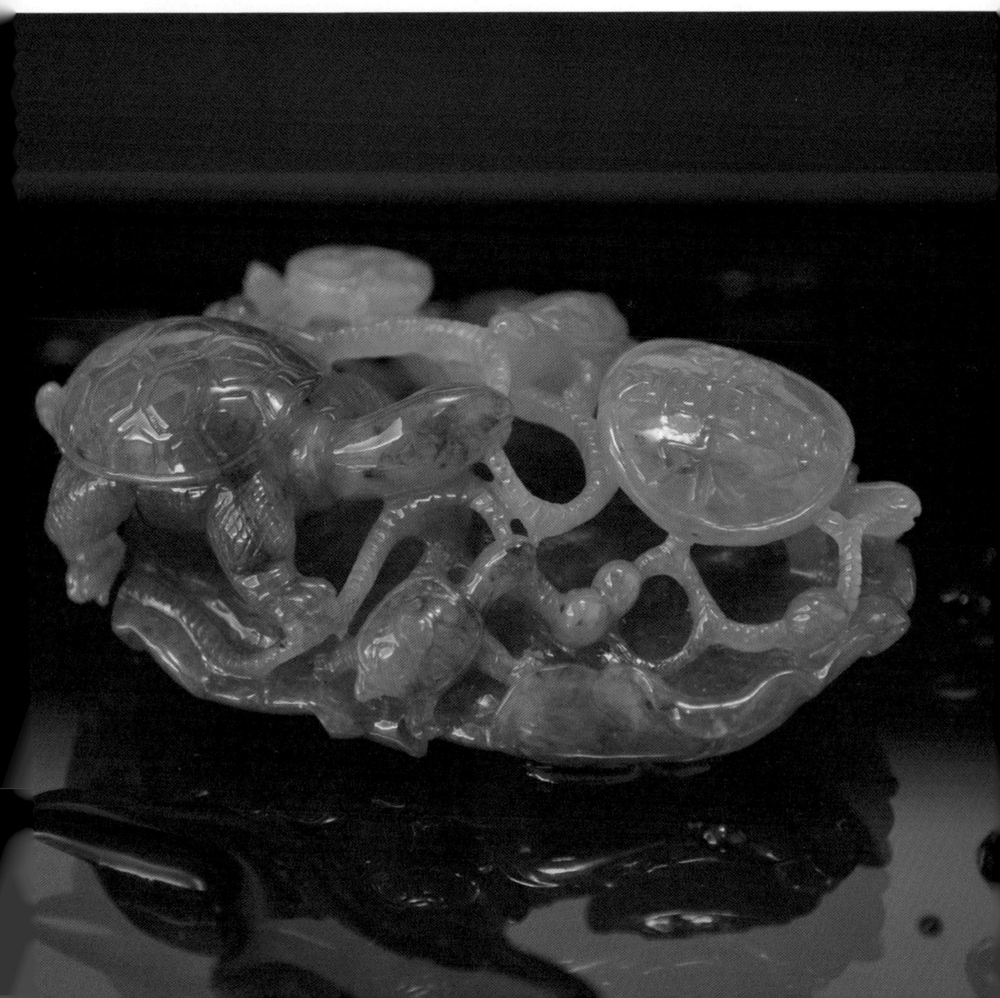

玉雕的造形

玉器重視的是整體感，為展現玉料剔透之感者造形以外放設計為宜，如要呈現圓潤之感則以向內收斂及含蓄的線條最能表現。而以圓為造形玉雕較為有情，也比較能表現玉溫潤的特性，同時主體的造型相靠的話，也較能表現緊湊的整體感，尤其玉雕較為尖銳處要向內收才能把玉的溫潤感做出，表現出玉器的韻味。

近代有許多玉器為展現其工藝，採用較深刻的刀法以雕塑出立體感，花草線條也較偏尖銳且損料，雖然這樣的作品做為擺飾也有其觀賞之藝術魅力，不過一般擺件及玩件的玉雕仍建議，挑選以圓潤為主的造形，較能體會出玉的溫潤及變化。

鑑賞玉雕作品的造型形象

首先要看整體的佈局是否合理，然後再觀察雕琢實體造形互相的比例是否理想，最後要看其生動性。有藝術概念的玉雕師才能做出嚴謹而線條柔順的好作品。

現時對玉雕的要求除了要脫離工匠氣外，形式表現上的創新也不可少，因為玉雕重視文化、藝術的審美已成趨勢，唯有在創作理念上昇華的作品，才能真正做到脫俗的要求。

◆ 線條嚴謹而柔順的水坑冰種蝙蝠

◆ 觀音造形搭配為其設計的木座更顯加分

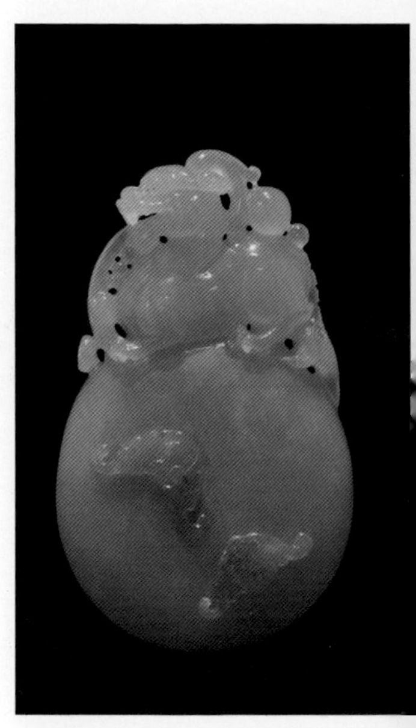

◆ 貔貅腳下所站立的圓球即以霧光來突顯其作品的層次感

抛光的優劣

抛光分為粗光及精光，主要是為使玉雕表面的光澤有所表現的最後步驟。好的作品是不可能隨便抛光的，雖然抛光是玉雕成品的最後一個工序，但抛光也有風險，如果一件好作品在抛光時不注意，很容易造成玉器的損傷，整個作品的價值便會受到影響。現在的抛光技術比以前好，有些硬玉作品不只可以抛光面，甚至可以抛像白玉的粗光增加把玩或觀賞的樂趣，一般粗光用多用於墨翠的雕件，因其色黑常看不出在刻什麼，故常以部份粗光的表現來突顯立體的造形，雖較費工但效果很好。

底座的重要

玉器的底座大多以木座為主，用陶藝做設計搭配也相當和諧的。大部份的好作品，其木座大多八股，且質感不佳，實為可惜，好的玉器應為其設計能搭配的底座，因為這也是整個作品的一部份，故一點都不能馬虎，才稱的上是精心創作的藝術。

◆ 正在倒酒的鐘魁，加上底座排列酒杯古意的設計，使其更具藝術性。

美學的素養很重要

當看玉看到了一個程度，除了要培養對美的感覺外，致力於提升美學的素養是必然的，這樣除了能夠提高對玉件的鑑賞力，也會使我們達到了識玉的境界。要透過鑑賞來豐富本身的內涵，賞玉者本身也要具備美學的基礎，才欣賞的出外在藝術之美，也才能理解及感受其內在所包含的精神文化，故不精進對美的認識，在鑑賞之路上很快就會遇到瓶頸而體會不到觀賞的樂趣了。

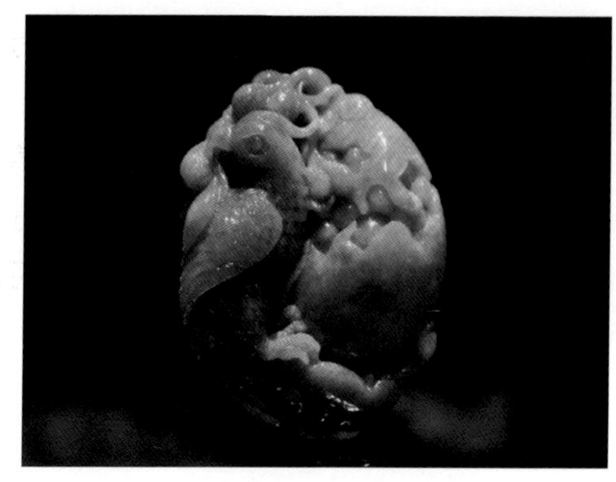

◆ 碩果連連（正面）對稱的佈局有一種平靜之美，讓人感覺舒服，色彩調和有韻律感！

◆ 背面的變化有統一性而精細，更提高作品的震撼力！

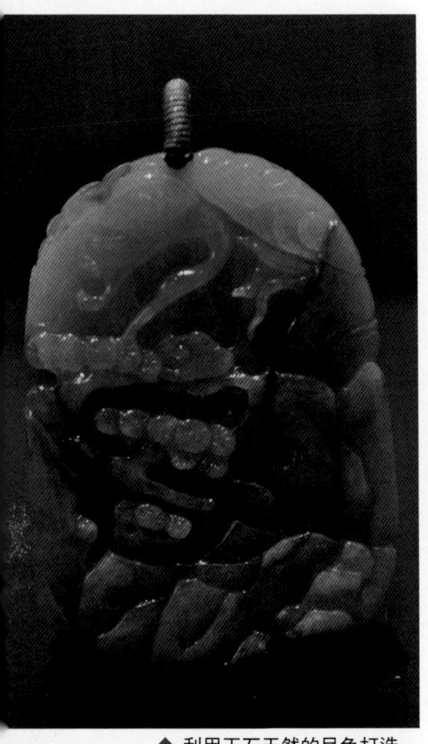

◆ 利用玉石天然的呈色打造出佈局簡單的石上松鶴圖

3-4 翡翠雕刻之美帶來好兆頭

玉器雕刻可說是東方特有的藝術之一，其結合了許多中國傳統石刻及書法和作畫的藝術表現。故所雕刻的題材均有深厚的歷史背景。

玉雕創作之巧思即是「取天然之形勢，得天然之神貌」。這是一種形式美，但形的產生只是一個表現的手段，傳神才是的目，有神韻的作品才能有其氣，得氣便有意境，故作品便會有一種生命力，越看越耐看。創造出意境的作品，會給人一種「驀然回首，那人卻在燈火欄珊處」之感。

故欣賞翡翠雕刻，講究的是構成作品的基調為何，是穩重莊重、還是輕快和諧；是氣勢磅礡，還是柔美平和，這也就是作品的內涵及所要表達的好兆頭為何。

意境的表現

玉雕琢也是作畫的一種，也講究對於空白的佈局。國畫意境的巧妙處關鍵就在於留白，所以太過於繁瑣的雕刻會失了主題，故雕刻作品對於空白的佈局如夠巧妙，則會更顯整件作品的張力，給人更多無限的想像。這樣的作品，不只是有一種含蓄美，也有一種令人回味的想象美。現時常可見許多將國學化融入其中的作品，也有利用中西合璧的技法在題材上加以發揮，帶給人視覺上不同的感觀。

現代畫家李可染擅於用水墨寫意的筆法，突顯出氣韻濃厚的筆情墨趣，其作品為眾人所追捧，隨便一幅沒有百萬人民幣以上是收藏不到的，主要是他的作品所表現的境界能感動人心，如1963年所畫之灕江圖，是李可染觸景生情而創作出一幅將西洋畫的明暗光影融入傳統水墨技法的佳作。畫出了灕江兩側高低錯落的山峰，兩側屋舍沿著山巒左右排開，中間漂著偏舟順流而下，景色迷濛，佈局有致，將中國山水景色空濛及雲雨之意境表現的淋灕盡致。意境到了，氣韻自然生動，令人回味無窮。

◆ 李可染灕江圖
畫面上方題款：雨中灕江泛舟，恍如置身水晶宮中。1963 年 4 月可染作於從化翠溪。

◆ 詩情畫意的玉畫（正面），也有屋舍，小舟，濃郁色調有如籠罩在煙雨之中，中間的江水也有明暗光影，將水墨技法及佈局展現於三彩玉石上。與灕江圖有異曲同工之妙，頗有趣味。

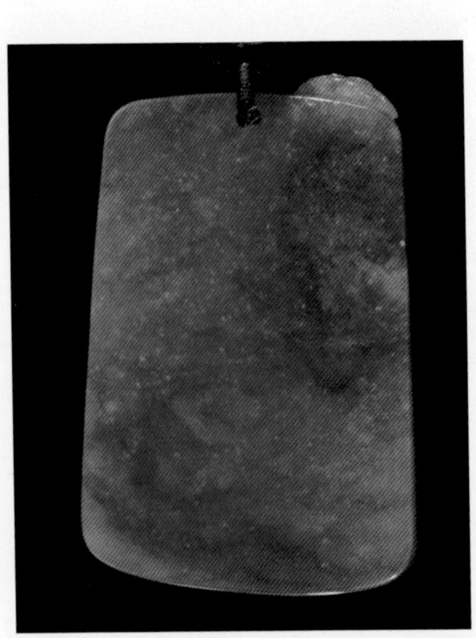

◆ 此件三彩料在光下靈氣十足，有雲雨空濛之感，天作之畫，宛如仙境。

形象的表現

而要表現正氣的作品，「勢」的建立就很重要。例如鍾馗的形象就是一副威武不能屈的樣子，因全身充滿了捉鬼的緊張感而身體彎曲，濃眉大眼，腳下還踩了個小鬼暗示了其排山倒海之勢，顯示出其正氣莊重，即使線修簡單，但也能表現出一種陽剛之美。

◆ 表現鍾馗正氣的形象在於勢的建立

儒家思想在中國已有數千年，中華民族的價值觀和道德觀深受其影響，故許多玉雕題材往往表現出對於道德論理的深層意境，從眾多雕刻品中的題材更可看出，許多藝術品是以實現人生價值為目的，例如表現追求人生自強不息之奮鬥精神的奋斗作品，再再顯示玉雕題材常以「借景抒情以觀德，托物言志以比德」的趨向，可說是以實現人生價值為目地的藝術品。

翡翠雕刻作品重的是：是否得氣，也就是意境是否有創造出來，形象是否有勢，作品的意義是否正面，都具備了，這件作品便具有好的兆頭及能量，想不美也難。

曾經有朋友問説可不可以把美玉雕刻成一坨糞，因為他認為大便是人最重要的，幾天不吃飯可以，但幾天不上廁所，可是難耐。面對這樣的問題，我説這也是一種想像，不過在形象上，端莊是最基本的要求，能含蓄的表達會更好。畢竟美玉的形象多是昭示某種情感及能量的趨勢，故作品多符合中華民族為禮義之邦的要求。在天成象，在地成形。正常來講，一般所擁有之物多為心中所想，所以看一個人所愛之物，大多能瞭解其內心之思或其程度，故不可不甚。

雕琢風格為傳統文化的縮影

翡翠雕刻的傳統風格及圖案大都是中國傳統的吉祥圖案，所謂：吉者，福善之事；祥者，嘉慶之征。故翡翠玉雕製品的圖騰多是與福祿壽喜財有關。

加上翡翠雕刻製品有著皇族化及貴族化的趨向，所以龍、鳳、麒麟等吉祥的神獸也常出現在翡翠雕刻的內容中。

有些抽像意味的雕件，如五子登科其圖騰有時是雕刻成5隻剛誕生的小雞；有時則是刻了5隻老鼠(取其老鼠為12生肖之首，屬子)，所描述的就是陞官或發財的寓意，故無特定形象；而宗教的內容也常見，主要是宗教活動自唐朝即開始，故許多人喜愛收藏菩薩、財神、彌勒等，求的是一種靜思之情；而以道家故事內容為題材的則多表現出一種平淡的天真與和諧之美，如劉海戲金蟾等。當然近代也有許多以玉雕刻成西方耶穌基督的作品，顯示了現代翡翠雕刻風格的轉變，也象徵了人們對美之內容追求的進步。

◆ 現代翡翠雕刻風格的改變──西方的耶穌基督

可以說，創意的思惟已把玉雕推向創新的境界中。

總之，每一件作品，背後均有其故事及意義，每個人都有機會可以遇到一件屬於自己的作品；得氣擁有好兆頭的作品，具有一種與空間融和的和諧力量，不但可以吸引天地吉祥之流，且豐富我們的生活。一個死氣沈沈的空間，透過玉雕擺件的意識所充滿後，將會變得更有生命力。

◆ 雕工立體的大型手把件

3-5 如何識別機器與手工雕刻

雕刻之美在於空間中所呈現的立體感，好的作品從不同的角度及距離觀賞，均能給人無限的聯想從而感受到一件作品不凡之美。精心的構思使作品的生命力更能完整的表現。一件作品因手工雕刻，故也關係著雕刻者的意志，一有不慎也會失敗，尤其精細的技法，雖能表現玉雕師的技術和耐心，但也容易一不小心就會出現崩裂，故雕刻佳作的價格自然不低。

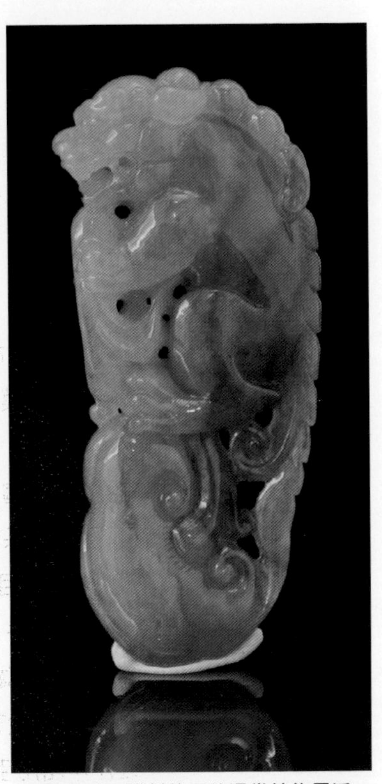

◆ 利用手工雕刻的玉件通常線條靈活，變化較大，深淺不一，具有掏挖的空洞。

粗劣的雕工大多為商品，表示雕刻者的修養和功底均不足。手工雕刻費時又不一定漂亮，加上工錢日增，為了加速賺錢的效率，許多玉商開始利用超聲波機器靠模造的雕刻器具來製作玉件，其加工出來的玉件，只要再拋個光就可以出貨，不但省時也省成本。因玉的硬度高，一件模具最多只可作出30件左右的商品，有時在市面上可看到，有些利用機器雕刻的玉件雖圖案一樣，但有些線條清楚，有些線條則不清，主要就是因為模具自身的磨損所造成，使得有些後來加工的模造玉件線條變的不清楚，故越後

◆ 用來加工玉件的高硬度合金模具。

面加工出來的圖案才會越模糊。目前也有些商品是利用模造品再用手工家工雕飾，使玉件看起來像是手工雕刻的。

這類加工品價格很低，主要是大量製造價值不高，好的料大多也不會用模具來加工，但大多數的消費者大多很少注意故難分辨，但其實分辨不難，因為模造品就會帶有模具的特色。

◆ 價值不高機器雕刻玉件──機器雕刻的玉件因為模具自身的磨損，使得加工的模造玉件線條變的不清楚。機器雕刻為脫膜方便，凹處多是下斜的平滑刻度。

為脫模方便，機器雕刻所掏的洞都是下斜的平滑坡度，且線條呆板，也無法做出巧色巧雕或鏤空雕，且不易有明顯的崩口表現，小料大多量產觀音或彌勒佛小掛件；手工雕刻的玉件多有下凹的線條，造形較豐富，且為精細表現造形的特點，時有掏挖的空洞，線條有陰有陽不呆板，雕件作品用手工或機器雕刻其價格和檔次可是差很大，其區別可要分清。

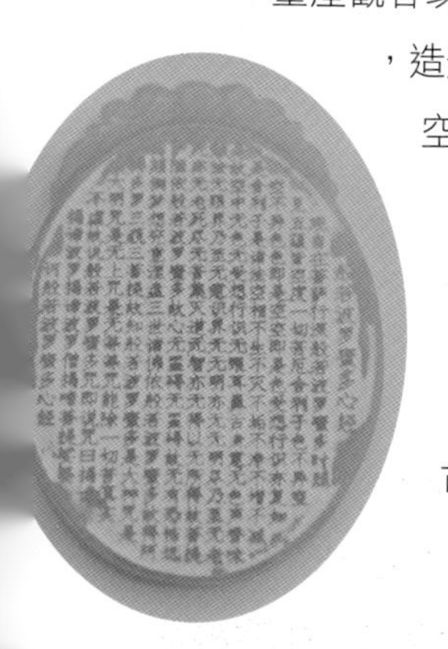

◆ 利用模具加工的玉件常被應用於需要大量文字的商業玉件，價格不高，可商業化大量訂製。

◆ 綜合機器與手工刻工的玉牌。

◆ 手工雕刻且有拆色的玉佩掛件

◆ 手工雕刻的作品能表現出完整的立體感

3-6 色深與色暗

翡翠玉石的致色元素很多，一般來説綠色翡翠主要的致色元素為鉻，內含少量的鉻呈現的是淡淡的鮮綠色，如含的是少量的鐵則會變化為淡綠色，而鐵元素如果是大量的加入，則這個綠色則會呈現帶灰的暗綠色。

色深常是色濃的結果，而色暗則多是帶有黑氣。

據前輩傳稱，綠分36水，72豆，108藍。光藍一色就有黑藍、灰藍、油藍、淡藍、藍綠等等。5行的木、火、土、金、水對應的顏色為青(藍)、赤(紅)、黃、白、黑，而玉的顏色表現也亦為如此，不脱天意。當翡翠玉石中鐵含量逐較增多後，就會出現偏藍的底色，藍在玉石中的數量最多，與黃結合就成了翠綠。

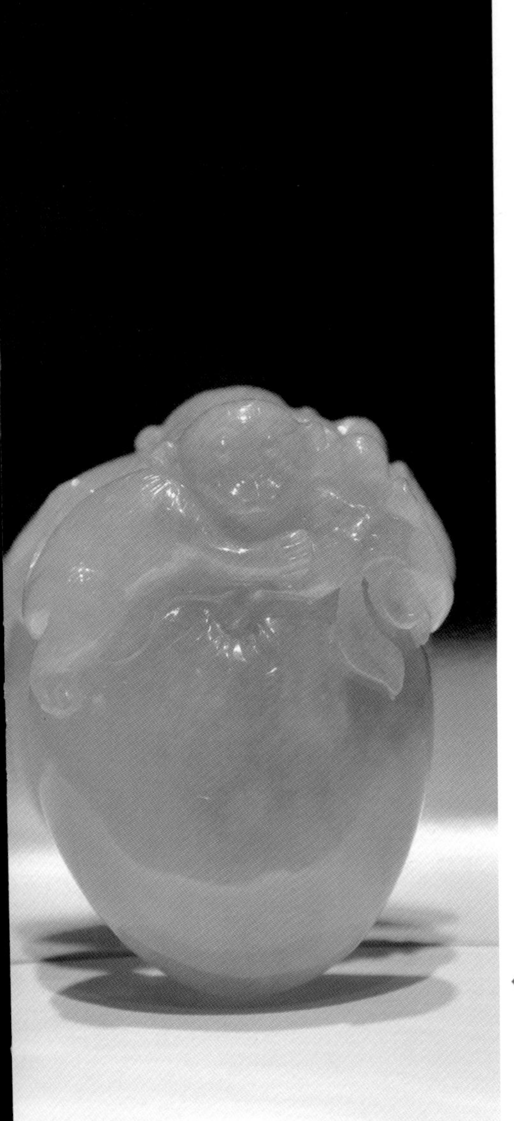

◆ 淡紅的紫配上鮮明的綠，有一「春帶彩」的美名；翡翠的紫帶有道家的祥和之氣。

紅色則多生於原石的外皮，有亮紅或深紅；如生於玉肉則成了紫，紫色有人稱為椿色，或稱為紫羅蘭，紫的表現也很多，有淡紅的紫，有粉紅的紫，有近黑紅的茄紫或藍紫，也有紫的發紅的椿，以質地佳的紫紅色為最美的色調；通常粉紫或紅紫質地較細，透明度較好，茄紫次之，藍紫再次之。

◆ 紅翡上品可遇不可求，色深彩度高的暖色系精品——紅翡觀音

而黃色有乾黃、水黃、帶澄色的紅黃、棕黃，也有如蜜一般的蜜糖黃。黃翡翠也有自己的文化，主要是來自於中國古時對於黃色的崇拜與其文化的詮釋，以往只有天子才能穿上黃袍，故黃色象徵著高貴與權重、納財與賜福之意。金黃是最好的色調，黑黃是最差的，黃色翡翠看的是其質地的純粹與水色足不足。

◆ 帶有寶石紅的劉海

目前市場上同種質地的紅翡翠價格多高於黃翡，一般紅黃翡的透明度大多較低，透明度及彩度高而少見的紅黃翡價值其實很高。大多數的黃翡色不夠陽也不夠透，所以市場上有些人將黃色加熱形成深紅或鮮紅色的紅翡，藉此提高賣相與價格，這是選購上需注意的。

◆ 似瑪瑙種地價值很高的黃翡，呈蜜糖色，色勻而晶瑩透亮，較為罕見，屬黃翡之上品，也有人稱之為「金翡翠」。質優的黃翡其氣勢不輸翠色。

暖色系的紅黃翡配戴在我們亞洲人身上，在視覺上有一種協調的裝飾性，相信未來會是中高檔翡翠玉石重要的生力軍。

白色則為玉的底色，但細看白也有白的如牛奶一般的白，或如溶化中之冰塊般的水白。

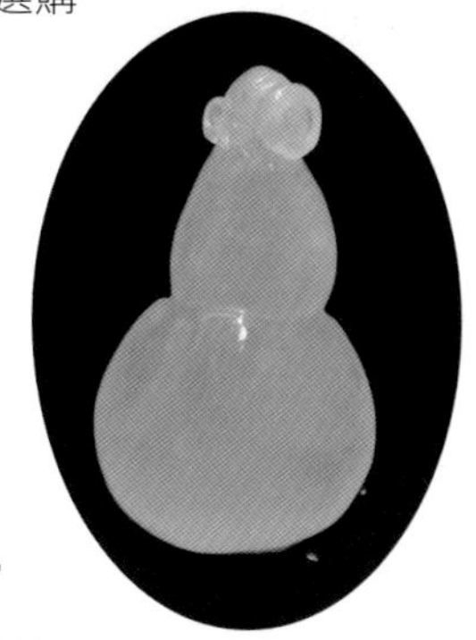

◆ 似冰塊的白色擁有含蓄的水頭

黑色則少有具光澤黑且發亮的墨翠，故好的墨翠也是收藏的珍品，不過一般多是灰黑色的病石，可謂善惡一線間。有些人把閃石玉當作墨翠來看一樣，都是不對的。

在水色中帶有淡彩，稱為帶晴，而這個晴也是變化無窮，可以説光色的層次就如玉的質地一般，可分為很多層次和級別。許多人知其然不知其所以然，色深看成色暗，而色暗又看成色深，把天地間的變化看的太簡單，殊不知看玉也要練就眼力，練對色差的敏感度，故有色盲可不行！

◆ 無色翡翠帶有淡彩，有如太陽照耀的感覺，稱為帶晴色。帶晴的水色變化無窮，此件造形有如飽讀詩書的鳳頭。

當然想辦法提升自己的藝術眼光也是個方法，天生有藝術細胞者是上天送的禮物，相信更能從翡翠玉石的變化中找到知福惜福的心；而有心人更能從中領悟到天地變化力量之偉大，個人之渺小，也許便可瞭解為何要敬天，惜地，愛人的道理了!!

看翡翠玉石的關鍵在於看其精神，精神好自然力量就強，種地佳、色彩飽和度高的翡翠玉石就是最好的代表。

3-7 翡翠玉石是光的詩人

翡翠是不透明至半透明色彩繽紛的寶物，我們所看到翡翠的顏色，是日光或白光中部份光質被翡翠吸收後所反射出光質的結果。色彩是由日光所賦予的。紅、黃、藍是三原色，就是一切色彩的本質。橙、綠、紫是間色。日光中的紅、橙、黃、綠、藍、青、紫相互組合後，便產生了這世間一切的色彩。

◆ 雲層擴散開來的太陽光散佈在天空中，微妙的光影表現如翡翠玉石所內涵的變化。

顏色使翡翠玉石呈現不同質氣

翡翠上的顏色可分為表面色與透過色，表面色就是缺乏水頭部份的色，而透過色則是有如色彩中加了水般有些透明的色彩，這是翡翠本身的物理現象；而日光所帶給人色的感覺則是會因人的心理及環境的不同而在色調上有所差異，會給人不同的想像及感受，這也是翡翠吸引人的地方。

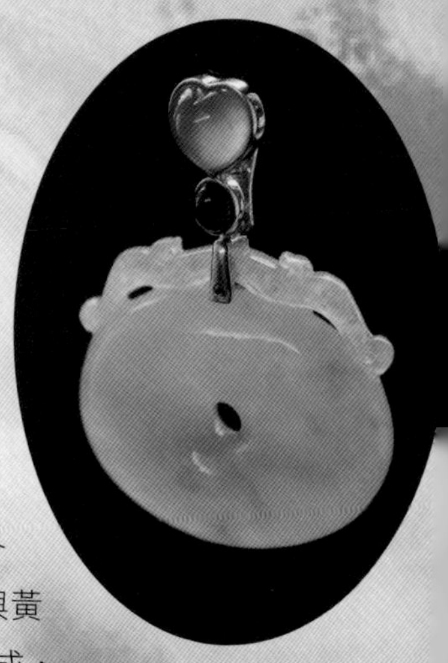

◆ 色彩的融合非常多變，這就是翡翠玉石最吸引人的地方

質地的不同，彩度及明度也會有所變化。質地越好的翡翠玉石，越能表現出色的明度，因其透明度高且折射力好，自然能將其色相完整呈現。色彩中高明度及高彩度會給人較輕的感覺，有色輕之意；而彩度及明度的降低，則是給人較重的感覺，代表色重之意。色彩的冷暖色系，也給人不同的感受。

而翡翠玉石的各種水色相互混合時有的各自保有其水色，有的則是混在一起，如紅色與黃色互相混合成橙色表現，色彩的融合是渾然天成，非常多變而奧妙，我們的確應當敬畏天工，多加研究來豐富我們的見解。

光線和背景是觀察翡翠玉石的關鍵

玉的好壞及其色彩的變化，主要是靠眼睛在不同焦距上一點的判別，光源只要有改變，翡翠玉石的色也會隨之改變。太陽光與人造光就會產生觀察上的差別，看翡翠玉石應該是以太陽光為主，較能看出其本身的美醜好壞，而晴天或陰天的光線又有不同，一般而言，種差色不論濃淡的翡翠玉石在陽光不充足的早上或黃昏時會感覺較美；而種好色濃的作品在陽光充足的白天最能表現其美感，至於種好色淡的則是在陽光不充足的陰天或傍晚最迷人。

太陽光的發光強度，會因大氣層的狀況而變化，故其發光強度在一天中的不同時刻皆有不同的變化。玉石商人看玉大多在早上10點至下午4點的晴天最標準。在人造光如日光燈下看翡翠玉石可能會看低，而在珠寶店內黃色的燈下看可能會看高，故人造光用來觀察玉石可以，但要用來評定翡翠玉石的價值性則不適合。

看玉時的背景，也會影響其給人的觀感。如果翡翠色偏，在白底上就很容易看的出來，但種地較差的翡翠玉石，在白底上就較顯不出來其白色的顆粒結晶，且色會顯得更深更美。在黑底下看玉，種好色偏的翡翠玉石便會顯出其種地的質感，但偏色的程度一般人更難分辨的出來，故在評估判斷一件翡翠玉石時，要瞭解周圍環境的變數，才不會錯估價值。

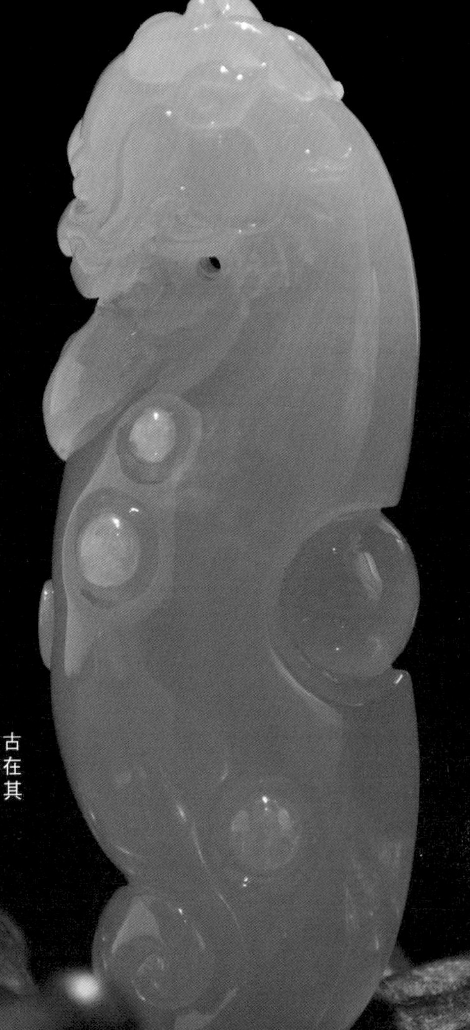

◆ 質地細緻的仿古雕古龍手玩件在黑底下更顯出其質感。

欣賞翡翠玉石放光的美

而以欣賞的角度來看，因環境的變化，光照的方向及色調的改變等，更能表現翡翠玉石的天然靈美，天然靈美是我們心靈所永遠追求的。翡翠玉石利用光去表現她對於美，種種不同的詮釋，那是一種令人悸動的神祕力量，其多彩色光照破了千年的黑暗。有人說玉有寶氣，何謂寶氣？此氣並無相，可以說是一團光體，就像是太陽光聚集時的那種光明樣，似乎包含了一切事物。這種光明的力量在翡翠玉石有時可見，當你發現時便會感嘆大自然之威力。光其實也具有療癒的作用，照映在翡翠玉石上更是令人愛，就像那古老而神秘的極光在呼喚著我們，耀眼而不刺眼。

◆太陽光以各種不同的方式反射及擴散，在大自然中的翡翠玉石更能表現出光的柔美。

翡翠玉石擁有吸收並讓能量穿透的能力，而每塊翡翠玉石都有其顯著的顏色及形體，透過與光的連結，帶領我們走入光的詩篇。人生最大的價值不就是在追求剎那而難得的心靈感動嗎？

3-8 單純就有美的力量

在企業管理中，複雜必須付出代價。當公司越大時，通常內部跟著複雜而造成了許多看不見的支出，複雜和浪費就成了難兄難弟，所以許多規模大的公司有賺錢但還是會倒閉原因在此。不過這不是規模的問題，並不是說公司越大就一定會倒，關鍵是在於其複雜的程度。所以公司會倒不在於大小，而是在於其複雜的程度是否已到了覆水難收的地步。

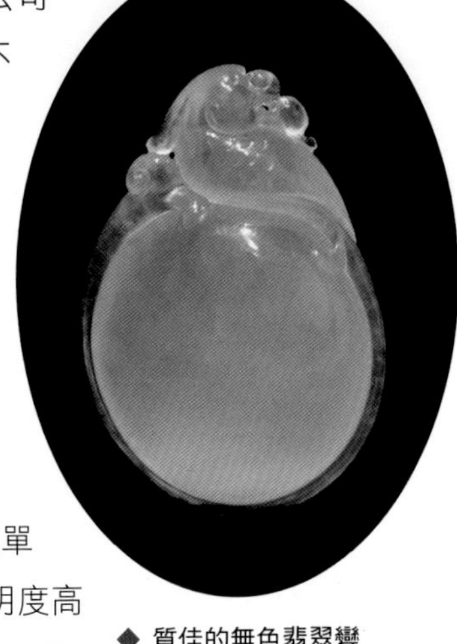

◆ 質佳的無色翡翠變化更多，令人讚嘆

這個思維拿來應用在翡翠玉石的收藏上也能令人深思。太複雜的顏色交織在一起就會變了雜色，反而失去了美感；雖說單色的翡翠玉石最多，但最美的也是單色，要在單色中找到色純正、均勻、透明度高的卻也不多。即使是無色或純潔的白色，只要質地種水俱佳就有剔透感，天生就被賦予美的力量，而剔透由天造，鮮明欲滴，帶給人一種心靈的悸動，故愈單純就越美的道理在此，畢竟要在翡翠玉石中要找到純靜也並不容易。近年來漲高的白翡，就獲得許多收藏者的青睞，尤其大家都在追逐愈純淨、愈透、放光，為的就是那單純的美。

中高檔的翡翠玉石毛料占的比例約20%，大家都在追求這單純的20%，許多人逐漸瞭解到「內行看種，外行看色」這個道理，故對於所收的作品都會以這個標準而有所挑選，買玉玩玉如果能以80/20法則的思維來理解而有所取捨的話，相信便能降低許多不必要的成本。

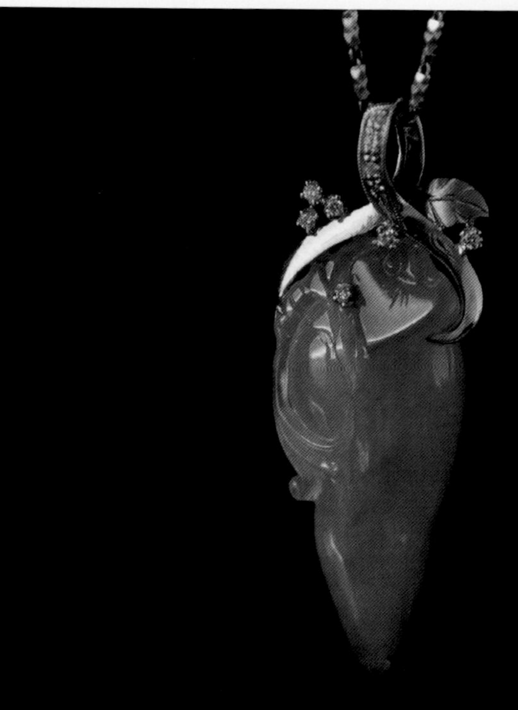

◆ 利用簡潔的鑲工塔配白鑽堆疊出有如陽光下閃閃發亮的福瓜

雕件作品也有分單純與複雜，越是單純有味的作品越能引入入勝，工藝複雜的巧也是可取，但工藝單純線修流暢的作品卻更耐看，如再搭配上質細的玉料，更是難得。

鑲工簡單有時也比複雜來的吸引目光，尤其高檔的翡翠，應該用有質感及簡單的創意來設計，更能表現其不凡。

3-9 如何看出翡翠玉石的超能量？

玉在山，草木潤。這似乎說明了翡翠玉石守護土地環境的力量。山本身就是具有能量之地，為何會如此說呢？這得問問喜愛山之人，每個登頂的人都會告訴你站在山頂上的那種感動及力量。玉成就於山水，卻也回報守護山水。故一塊翡翠玉石均可說是大地的一個祝福。

許多人為看得懂玉故用盡心力去看，希望能看出其端倪所在，事實上用自己的心智及想法想要體驗翡翠玉石的超能量很難，只有把自己與其融入甚至與其合一時，才能感觸的到這種原始的力量。翡翠玉石是充滿大地意識之寶物，就像畫家體會山水之美一樣，為何名家筆下的山水是那麼的有意境，令人百看不厭，而自己卻雖畫的美但也畫不出來那樣感動的感覺，這是因為名家找到了與山水溝通的方式，而越純淨單純的心，就越能接近、體會山水所釋放出來的意識，故其畫作當然有力，看玉當然也如此，也就是說當心中愈平靜時，感受愈強。

佩玉的奇特功效

帶有水頭的翡翠玉石，會滋養並吸引光的力量充滿環境，綠色的翡翠具有較高的視覺力及療癒力，綠色屬東方，是生氣的開始，且有遠離災難之意，故為大家喜愛之大宗；粉色系的翡翠帶有和諧及幸福感，具有讓整個氛圍轉變為柔和的轉化力量；而白色翡翠的反射光澤最明亮，有助於陪伴於我們開展自己的智慧及事業；紅色的翡翠則最具空間感，可說是原始力量的元素，擁有生命的能量；黑色翡翠則具有平衡的能量，具有喚出我們回憶的能力，有一種掌握權勢的神祕力量。至於黃色的翡翠則擁有穩定、聚集的能量。

在室內放置翡翠玉石有助於吸引光的能量到生活空間，因空間被生命的氣流所充滿之故，所以有許多人放置翡翠玉石擺件在室內時會覺得很舒服，室內的空間也變得亮多了，人自然也就放鬆了許多。古代皇稜埋寶玉在地底下主要就是要藉珠寶玉石的能量來安定地氣的穩定性，據說此舉可以減少大地震的發生，附近的草木也會生長的旺盛。

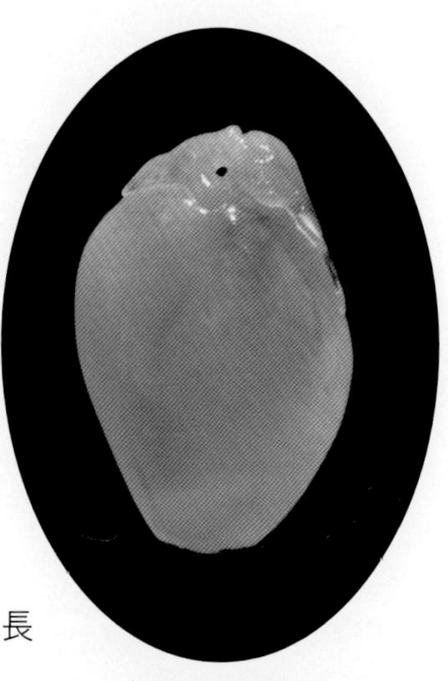

◆ 黃色五行屬土，有土斯有財，故古人常以黃色來寓意招財。

翡翠玉石也有能量頻率

物理學家已有證明，世上的所有固體都是由旋轉的粒子所組成，而每個粒子有其不同的振動頻率，故接近正面的頻率，自然會受到其好的影響。中醫養生大家武國忠醫師曾在其活到天年的著作中提到增強生命力的方法：一是看古樹，二是跟老人聊天。究其原因，因為這兩者均擁有強大的生命力，故我們心裡對其越恭敬越能獲得其資訊及生命力。他建議大家可以在生活中找尋那些古老或是有生命力的東西，透過接觸和體會，我們就能獲得關於生命力的資訊，使自己的生命力強大起來。這可說是受頻率及磁場的影響所形成的氛圍。

翡翠玉石當然也有分好壞善惡，一件充滿正面訊息的玉石，與其說有超能量，倒不如說有其不同的振動頻率，故能帶給人心靈的悸動，甚至於進而在無形中改善人身體與心靈的健康。人類的天性也是遇強則強，遇弱則弱，相信正面的能量是可以互相影響的。

翡翠玉石有其超能量，而我們人也是一個能量體，其頻率相同時自然會有所契合，產生共鳴，故雖說得玉需要緣份，何嘗不也是翡翠玉石在挑主人呢？而當我們有幸擁有一塊好的翡翠玉石時，並不是說就可以為所欲為，而是應該期許自己的心配得上這一塊美玉，時時端正自己的言行，這才是配玉的情操，否則好運是會離邪惡遠去的。

當你選玉時，在經過專家的建議後，剩下的就是要讓直覺引導你，找一件屬於自己的寶物，相信這會是個十分值得的體驗。而佩玉就像是學習一樣，是生命的一個過程，必須一心一意去經歷，才能有所獲得，淺嘗而止或半途而廢都很可惜。

◆ 純靜而生命力旺盛的花草也擁有正面的頻率。

◆ 具有生命力的黃加綠手把件，黃加綠是翡翠中難得的精品，帶金的翡色呈現出皇室金碧輝煌的氣度。

◆ 黑色的墨翠雕琢出的玉皇大帝更具氣勢。

4-1

奢侈品大潮下 翡翠玉石彌足珍貴

◆ 蝴蝶玉片雖不大，但設計得體，仍可彰顯華貴。

投資翡翠玉石其實就像投資股票一樣，也有基本面的情況可分析，為何投資高檔翡翠玉石腳步要快，所憑藉的就是供需之間的關係。

根據胡潤百富所發佈的「2009年中國千萬富豪品牌傾向報告」中提到：每一位中國富豪一年的花費平均為200萬人民幣，名車、名錶等奢侈品佔消費最大宗；這些富豪雖受金融風暴影響，在投資上日趨保守，股票投資比例從33%下降到18%，不過在房地產投資的比例卻從26%上升到了34%。看來富豪的消費習慣並不會因金融風暴而改變，但會在投資的選擇上做調整，相信看得到的實體資產會是未來投資的主流趨勢。

高檔翡翠玉石投資收藏出手要快

金融風暴後，翡翠玉石的零售市場銷售有放緩的趨勢，但原石交易市場卻熱度不減，雖然原石供應量減少，但成交金額卻有上升的趨勢。而這主要是挖到的好料越來越少，但採礦的成本很高，故許多礦主在放料上變的謹慎，價格也標的很高，以2008年至2009年的緬甸翡翠公盤上高檔色料就減少了約3成，但成交金額卻上升，顯示原石買家的需求依然不減反增，而且有偏好高檔色料的趨勢，就算是無色的玻璃種料也在緬甸公盤上也賣出了約台幣450萬(每1000克)的好價格，比較差的低檔料明顯買的人變少。

為什麼高檔的翡翠玉石的價格會越來越高？

翡翠玉石的價格逐漸走向M型化，未來低檔貨將難翻身，因沒人要且料多，甚至有越來越便宜的趨勢；而高檔貨則是一物難求，價格飛漲，有錢人不斷追捧，一般人難摸的到；在資源有限而需求增加的情況下，加上翡翠的不可再生，自然價格一直會被推升，難怪許多行家嘆道：麵粉比麵包貴。2009年10月底的緬甸原石拍賣會上，許多人抱怨買不到貨，據説許多富商開始在購買原石囤積，以致於原石價格有一年有漲50-100%的趨勢。翡翠產地的唯一性，加上開採成本的上升，成品漲10%-20%自是不意外。

稅負的增加也會提高收藏成本

以往大陸翡翠玉石商從緬甸競標買回的玉石毛料，有一半以上都是利用海運經香港再從南海港進口，以往從香港中轉原石的稅負每公斤不到幾百元台幣，從2010年8月起申報標準提高為每公斤15歐元，等於稅負成本提高了3倍以上。

海關提高稅負報價後，平洲許多玉商紛紛棄石，主要是近年來高檔毛料不多，進口的多為一般毛料〈一般毛料就占了9成以上〉，在工資高漲的情況下，一般毛料在稅負增加後幾乎沒有什麼利潤，故到目前至少有1000多噸的翡翠原石帶留在香港港口，等待協調。高檔毛料雖少但因其售價高、利潤豐厚，對於稅負的增加，短期雖沒有像中低檔玉料有那麼大的影響，但加了稅負後利潤空間也遭到壓縮，故勢必翡翠玉石行情必漲無疑。

◆ 佩戴具有欣賞及傳承價值的東方翡翠玉石，將隨著華人的財富增長而成為主流。

越來越多人擠進上流社會

翡翠玉石成品的價格會以每年2成的速度飛漲，這得拜亞洲的愛玉粉絲團所賜，早期是香港和台灣，受到漢人文化影嚮的新加坡、韓國、印尼、日本、馬來西亞也愛買玉，近幾年來中國經濟進步快速，故北京、上海等大城市成了高檔貨的主購買區，而越南、泰國等也成了中低檔翡翠的新興市場；有了錢許多人開始想買實質資產，實用又有價值的翡翠玉石自然就成了資產配置的首選，一時之間愛玉賞玉的風潮又再度興起，業者忙著找貨，故即使早期買的不貴的翡翠玉石只要質地好也跟著漲，不少人因翡翠玉石的的增值而財富增長，現在，只要有華人的地方，鮮少有人不知道翡翠玉石這件事。相信以往被稱為東方寶石的翡翠玉石，其價值將比美於西方的鑽石，成為我們東方的鑽石，翡翠玉石跨出國界的能量正不斷在蘊釀中。

◆ 中國人口眾多，商機無限，翡翠玉石在這樣的環境下價格易漲難跌。

各類國際精品名牌，也關始佈局一些2、3線城市如武漢、長沙、福州、廈門等，主要是中國的人口眾多，而中國的經濟起飛也造就了不少有錢人，有富豪甚至錢多到投資到海外去。中國經濟發展速度之快，也造就了藝術珠寶品的投資環境。

◆ 中國大陸的經濟崛起，從路上隨處可見的名車奔馳便可得知 !!

翡翠玉石的投資基本上寧精勿濫。一般高檔的翡翠玉石價格必高，但價格高的翡翠玉石未必高檔，故如果要靠自己的眼光買到好貨，現在就要開始做功課！

◆ 貴氣的貔貅擺件。

4-2 投資收藏的過程中會遇到許多的柯林頓！

識玉的基本功沒花個幾年難有體會，一般人大多用聽的比去實證的多，也少有人會專一去研究，大多數人的想法認為賣的出去比懂一堆來的實際，故對玉的基本知識多被拿來當做行銷的說服詞，至於賣出去的翡翠作品是否真的貨真價實就不那麼在意，反正黃金有價玉無價，重要的是要買的人要喜歡。

西方的柯林頓與東方的翡翠玉石有何關係？

美國總統柯林頓與李紋斯基的醜聞事件眾人皆知，令人印象深刻是因為柯林頓在李紋斯基的洋裝上留下了證據，只好不得不坦白的招了。柯林頓在未發現留下證據前所有供述均不老實，後來因為發現留下了證據成為李紋斯基的把柄時，就只好老實的招了！把柯林頓比喻為買貨的對手實在貼切，因為就算行家，也會玩玩柯林頓的把戲，來看看買的人到底懂幾分，而決定出什麼價。故在投資購買心怡的作品時，都希望店家能夠提供實情，告知這件作品真正的價值或缺點及問題所在，但這多是緣木求魚。

這對有意把現金換成翡翠玉石成為資產的人而言，可要好好思考，究竟自己喜歡的是真的無價還是假的無價？真的無價就是在幾年後，發現自己的資產灼手可熱，價格翻了好幾翻；假的無價就是愚人金，也就是在幾年後，發現怎麼這類資產越來越便宜，似乎離無價遙遙無期。

◆ 柯林頓與李紋斯基。

舉個例子，幾年前買到玻璃種手鐲的人，會發現最近走到哪，人人都想出高價買了你手上的手鐲；相反的，同樣是幾年前買的翡翠手鐲，曾經聽到有個上流社會的朋友抱怨，以前買的高檔手鐲好像沒漲，怎麼現在翡翠的價格都變便宜了？

這幾年原油成本上升，工資上漲，加上好料挖出不易，甚至部份石種有絕礦的可能，近年來中國的掘起，以致於需求又大於供給，所以翡翠玉石市場價格狂飆，尤其是高檔翡翠玉石，那為何朋友之前買的所謂「高檔的」手鐲卻一點也感覺不到有價格走漲呢？問題出於成本。

而銷售給他的對手就像柯林頓一樣未告知實情，也就是在銷售當時並未給予正確的資訊，以至於幾年後朋友發現比他美的翡翠手鐲價格上竟比他當初買的還便宜，而誤以為是翡翠玉石市場跌價了，其實這是「貨真價不實」的現象，但這種現象通常需要時間來証明。

也或許是踏破鐵鞋，朋友看到的只是高價品，而非真正的高檔品也不一定？不過可以肯定的是，資訊落差乃是暴利之所在，此話真不假。高價品

◆ 時尚珠寶設計品目前仍是市場的主流。

未必是高檔品，千萬別以為價格高便是高檔；但高檔品肯定價格不便宜，便宜又漂亮的通常都要小心，可說是誤人者多方。

什麼叫貴？什麼叫做便宜？

有些人看到高價品便認為「貴」；看到低價品便以為撿到「便宜」；還有人用10年前買的價格和現在比覺得「貴」；用次級品的價格和高檔品相比覺得「便宜」；這些觀念都是將掉入價值陷阱的開始。

買在高點的房地產因為地段好而一直漲，所以追高買「貴」是一種福氣及眼光，未必有錯，怕的是地段買錯了！成交價創了天價也未必是炒作，重點是：是否人人看好追捧而年年成交創天價！故對的東西，當下的價格，就是合理的價格。真正的珍品，只要成交就是創新高價，故不付出代價是無法擁有的，其價格雖高，但因為每一件都是絕版，故相對而言風險卻是最小的。

等待下跌買進是聰明，但是否想過買的越「便宜」，跌到谷底的風險越大？沒問題的房子誰會「賤」賣？占人便宜也是聰明，但是否想過許多詐騙成功就是因此而來？被人稱為「貴」婦是一種榮耀，但被稱為「賤」婦便成了一種羞辱！所以，能買貴是一種福氣！能買到便宜則是一種智慧！近年來似乎貴婦成了能買的貴又買的有智慧之象徵，因此能被稱貴婦反而有一種親切的虛榮感!!

翡翠玉石看的多，基本上會比少看者有資訊；但看到一定程度，就必需要看的精，雜亂陰賤的便不需再看；再晉級上去，除了看翡翠玉石的美，便是看人的深度。而你的對手是否為柯林頓？那就要看自己的深度了。

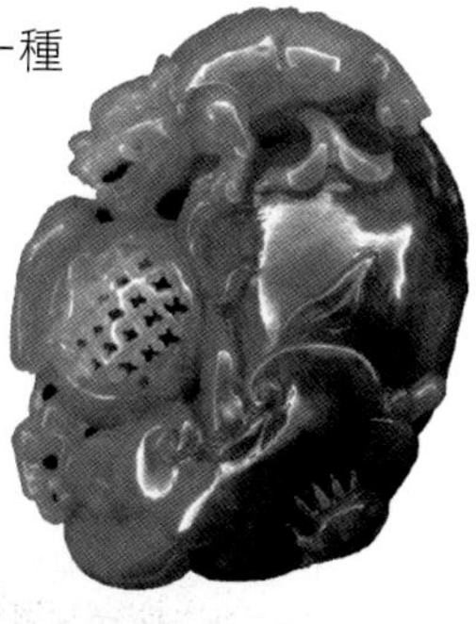

◆ 三彩鏤空巧雕－富甲一方，作品構思獨到，色彩處理到位。

◆ 三彩雕件──龜鶴延年。古代帝王善以「龜殼」來掌先機，卜卦觀氣以問天下。

4-3 觀念對，不懂翡翠玉石也能賺

翡翠的收藏與投資有其專業性，並非所有的收藏都具有投資應有的報酬。以往消費者常因業者的鼓吹故買了不少翡翠，結果並沒預期的有那麼高的價值。當然其中的原因很多，一般的問題大都是在價格和判斷上出了問題，不是價格買的太高，就是價格買的太低，買到了錯的東西。其實這就跟買股一樣，好東西價買的太高脫手不易；價格買的太低於行情，一般也難買到有價值的精品。

對有錢的人來說，有能力花大錢收最頂級的拍品，故賺錢對於他們而言並不難，只是資訊與時間的問題。而在翡翠玉石這行打滾了多年的專業業者或收藏者則多是「練家子」，什麼質地有什麼價格，大多心裡有個底，也較有機會看的到或預測的出什麼是有錢賺的佳品，不過仍需靠時間來磨。一般「散戶」要靠這行賺錢，以現在的時局，可說是難上加難。從地攤到跳蚤市場到玉市，尋尋覓覓，希望有一天能找到個寶，管他看的懂看不懂，只要是自覺漂亮的，人家說好的，什麼都買，反正以小博大。以為買多了，亂槍打鳥總有成功的一回。散戶的資金和資訊來源最少，但卻也是最不把錢當錢看的一群，也自以為最懂；最有做發財夢的冒險精神，最無法等待的也是這些人。

翡翠玉石投資是一項長期投資

既然是以投資為出發點買翡翠，那麼對於投資基本的財商知識就要具備。投資要獲利必需以長期投資為基礎，尤其是收藏品的投資更需要時間來累積，因為收藏品的投資是一種眼光與膽識的考驗，當然眼光好也許獲利所需的時間越短，但如果能加上不凡的膽識長期持有，相信其獲利不但無以計算，且其精神與榮耀也能傳承給下一代的。錢並不能使我們更富有，但對的堅持可以，巴菲特曾說：「只有在退潮的時候，你才能夠看清楚什麼人在裸泳。」

近年來頂級翡翠玉石的拍賣價格		
年代	拍賣單位	物件及價格
1995年	中國境內首場珠寶拍賣	一對清代滿綠翡翠手鐲，49萬人民幣
1996年	佳士得	翡翠手鐲100多萬港幣
1997年	蘇富比秋拍	設計師翡翠首飾，450萬港幣
1997年	佳士得春拍	翡翠珠鏈7262萬港幣
2005年	嘉德秋拍	翡翠圓環掛件83.6萬港幣
2006年	嘉德春拍	翡翠手鐲，121萬人民幣

資料來源：2009年12月湖北日報

◆ 中秋佳節花好月圓──普通的玉石料，利用簡單的巧思來呈現。

善用槓桿原理！找對你的投資教練

收藏品的投資要成功，首要的關鍵就是要尋找一位專業且值得信任的導師，透過學習如何分析翡翠的價值，你就能判斷一件翡翠玉石作品的好壞，且可省了許多不必要的花費。這個開始非常重要，如自己的導師對於翡翠不夠熟悉與愛好，又或者對玉認知有誤，那麼將來自己投資失敗的機會就會很大，因為資訊落差乃是獲利之所在。

如何判斷是否找對學習對象呢？投資可說是深度的收藏，一位愛玉的導師自已通常也會是買家或收藏家，對於道德的重視及實踐的勇氣，非一般投機者可相提並論，且不論是真正的愛玉者或是一個用心經營的品牌，絕對會選擇做「對的事」，而不是因為會對自己不利便選擇做「方便」的事。要真正瞭解翡翠玉石的價值，是需要做大量煩瑣比較的工作，沒有相當的精神或堅持，找不出應該在什麼事上努力。知識的來源如果是錯的，那麼這樣的知識便是不可依賴，此「知」可比「癡」，否則很容易買到表面的假相。一位好的導師會不斷的檢視自己是否持續在進步，做一些讓自己更進步的事。

分的清楚「是非真假」對買翡翠而言是很重要的一堂課。

「好的老師帶你上天堂，不好的老師帶你進套房。」股市名嘴的名言，用在這兒一點也不誇張，越嚴厲的老師越要跟。聰明的人會從自己的錯誤中學習，但有智慧的人則是善於從別人的錯誤中學習。學習最近的捷徑只有一條路，那就是直路，尋找旁門左道只是在繞路打轉而已。好運的人與走霉運的人差別就在於，一個是懂得把複雜變得單純化，另一個則是通常會把單純的事物弄的很複雜。

心智與資訊同時均要精進

企業家或傑出的運動員都需要心理教練，在收藏投資玉石的領域中除了要用需要懂得分析金融情勢與市場行情的投資教練，也需要心理教練相伴，有些人以為學會了如何看玉便以為自此之後無所不知，自以為是，閉門造車，殊不知即使是專業的收藏家也是需要教練的提醒，不斷精進，如果心智上與資訊上不適時提升，很快就無法在這個領域得到自在。故自我的進修是永無止境的，與和自已相同道德標準的教練或同好，相互依賴之關係也是不能斷的。

收藏翡翠玉石一定要A貨

這是很基本的觀念，雖然有些人認為B貨有其商業上的考量，但不論如何，真的假不了，假的也真不了；就算B貨翡翠比較美，那也只是表面；我們追求的是永恆且具價值的翡翠玉石。投資標的如果過於完美而價格又便宜，我們就要小心的去檢視這是否合乎常理，追求暴利的誘惑常會令人以為撿到了便宜。

從少量多樣開始

各種玉種應當均要有幾件可供比較，之後新手可以選定自己喜歡欣賞的玉種先開始研究，當作自己主要的投資收藏，切勿眼高手低。凡事重視的是過程，從自己的失敗中學到的，絕對要比從自己成功中學到的還要多。每個人都認為自己的東西好，但真正的價值並不是別人說了算，需有相當的經驗與見識，再利用自己的智慧整合所有的啟示，凝聚石中隱玉的涵養後，投資才會有結果。

◆ 東坡醉月—水坑三彩玉石擺件—底座為陶土。

你需要一些關鍵的愛玉盟友

對於一個收藏者來説，身邊必定有許多同好，這些眾多的同好盟友中，各人所能提供的價值不一，不過同行還得同道，結交比自已程度高且具有高道德標準的盟友才有助益。所謂盟友的基本條件便是其手上有好的作品但能不吝於分享者，因為紙上談兵難進步。盟友並不在多，而是對我們能有正面的影嚮，且儘量與這些重要盟友之間，都能有真正的關係。互信是資訊分享的先決條件之一，彼此可以互相信任，也許能適時提供你所需要的幫助及資訊，甚至於大家一起謀求共同利益。在翡翠玉石的投資路上，可以有買貨賣貨的對手，但對手卻不一定得是敵人。

真正的行家不玩賭石這一套

許多人聽到翡翠玉石想到的就是賭石，賭石是翡翠玉石買賣中的其中一項交易，但其實真正的翡翠行家幾乎都不買賭料，大多是在公開的市場中競拍已經切開的明料。因為緬甸當地的行家在玉石出土的第一時間，早就已經利用各種方法瞭解這塊玉石的價值在哪，這場勝負早就由莊家決定而佔有絕對優勢，故有經驗的人大多是看多少買多少。既然名為「賭」可想而知十賭九輸的機會大了，賭石圈通常是「長江後浪推前浪，前浪幾乎死在沙灘上」，不想浪費錢的可要多加思考了。投資並非只在意成功時能賺了多少，而是瞭解失敗時虧損會有多少。追求相對利益還不如追求絕對利益來的安全。

直接買料或在產地買會比較便宜嗎？

麵粉比麵包貴的年代將會來臨，直接買原石的價格，不會比買成品來的便宜，看的懂趨勢及市場者自然會瞭解；而產地則多為觀光客來臨而準備的貨品，想撿便宜只會撿到真正的「便宜貨」。

◆ 三彩原石──內行者能判斷出有色部份的部位，作成令人玩味的作品。

4-4 翡翠玉石投資是買未來的價值，而不是現在的價格

◆ 投資大師華倫・巴菲特（照片來源：維基百科資料檔）

投資大師巴菲特(Warren Buffet)有一句名言：「價格是你付出的，價值才是你所得到的。」這個道理似乎有許多人知道，不過卻也許多人搞不清楚價格和價值的不同。

景氣不佳，許多珠寶店的生意自然大受影響，曾經有店家要求要找那種既便宜又漂亮的翡翠玉石商品來進貨。有一次我帶了幾件即使銷售不出去也有增值空間的作品與之分享，不料招來一陣「民怨」！

店家立刻回應：「看了是很喜歡，不過現在景氣這麼差，價格高一點的短期間難賣，介紹一些便宜點的啦！」

我說：「這些料有些都已絕版找不到了，就是覺得有價值才會介紹給你啊！好的作品才會有好的客人呀！」

店家接著誇張的說：「你看我這件，又大又有雕工，這個才有空間啦！」我一看是油青底且已過時一塊暗淡無光但稍有水頭的小型擺件，品相不但不端正，越看越像跳蚤市場貨來著，就算送我我都不會考慮的那種，只能說看的懂多少就買多少吧！當時覺得一些眼光好的貴客看來他是無緣遇見了！但我也只好打住這個話題。

恰好客戶走來他這逛逛，他問客戶要不要看神韻藝術團的表演？他有一張2000多元的票。

客戶說：「那票不便宜喔，我都看免費入場的表演，要不頂多花500元的門票就算不錯啦！」

店家立刻把神韻藝術團表演的生動鉅細靡遺的道來，並保證物超所值所以票價並不貴。

在生活上店家很清楚一般500元的表演票與神韻藝術團2000元起跳的票是完全不同層次與訴求的東西，但是他卻沒有用相同的概念來思考翡翠價格和價值的關係，這就好像精明的人到了股市大多都變成菜籃族一樣。

翡翠玉石投資著重在未來的價值，並不是說價格很高的就是有價值，所謂便宜的觀念是指：價值大於價格的差距，其差距越大，就愈物超所值。不過跟投資股市一樣，許多人對於價格和價值一直都分不清！

買進價格低之次等貨的風險就是持續走低的機會很大，表面上看起來便宜的，事實上並非如此，在景氣不好或恢復理性時，不但不具保值作用，它們的價格也將持續下跌，在股市的投資裡，這樣的狀況分析師稱之為「價值陷阱」。以投資學的角度來看，要買到物超所值的情況並非不可能，但卻不可能一直持續，因為當有利可圖時〈也就是當價值大於價格時〉，市場上很快的會使價值和價格趨於平衡，而這個利多就會消失了！相反的當價格大於價值時，市場上也會一直降價求售，故買貴的人終究注定要賠錢。之前紅極一時的鐵龍生，實在看不出那裡具有寶石之相，就因商人以綠去炒作而價高，跟著買的業者與消費者，恐怕對於價格與價值的體會更深吧！

所以，翡翠玉石投資是一項需要有遠見的投資思維才能做的投資，不但考驗著人的智慧及眼光，也考驗著人的耐性。一件具有傳家精神及藝術生命的巧思作品，不是用價格可以衡量的，買玉買到有心得的人大多會覺得：花小錢買了一大堆還不如用心買一件。我的想法是，如果這個東西真的有價值，那價格就不是那麼重要了！

因此與其去要求價格上的物超所值，不如訓練自己的眼光到可以看到一件作品的真正的價值，同時也可以體會到好作品帶給心靈的震撼。

◆ 特殊色系的玉器小擺件，一玉多色，少見。吉祥寓意甚好。

收藏有價值的翡翠玉器，多年後拿到拍賣會仍有不少人爭相收藏，傳承給下一代則更是精神上的無價之寶，藏玉顯真情其來有自。

內行人買翡翠玉器不會嫌貴，嫌的是東西不夠好；遇到物超所值的機會不會考慮，而是馬上決定。

對翡翠玉器沒有相當喜愛的瞭解者，哪有其魄力？

4-5 翡翠藝術鑑賞評價之金三角

翡翠的價值可以任何色系（即「正、濃、陽、和」）、透明度（「水頭」）和質地來評判。

具有收藏價值的寶石級翡翠只有在緬甸出產，主要是其稀少性和不可再生性決定了其特有的投資價值。因為金融海嘯的來襲，許多投資商品價格的暴升暴跌，讓我們對於所投資的標的有了一個重新檢視及思考的機會，包括藝術品的投資等。

高檔翡翠非常適合做為長期投資，在一些珠寶玉器拍賣會上，高檔的翡翠價格屢創新高，近三年來其升值的幅度不亞於國際股市。如其品相特殊者，其升值空間更高。不過也並不是所有的翡翠都值得收藏，基本上只有高檔的A貨才具有投資及收藏傳承的價值。一般而言，愈高檔的翡翠玉石，其升值潛力也愈大。

同樣是A貨，為何價格相差那麼大？

收藏翡翠首先要先了解何謂種、水、色。

種：翡翠主要是由一種鈉鋁輝石或綠輝石的細小晶體集合組合而成，其含量大約90%以上，故屬於「單礦物岩」，但因翡翠資源的日益減少，故有些人把含有較多染質礦物在10%以上50%以下的岩石也當做翡翠來看，當然這是不當的，因為染質礦物的存在，必會有損玉質而成為瑕疵，使得整體的外觀和品質的下降。玉質就是玉肉的質地，也就是翡翠的種地。質地細便使此件翡翠具有油脂光澤，質地再好一些則會多呈現了明顯的玻璃光澤,最緊密的質地甚至能見到有如鑽石一般的金鋼光澤。

水：水的意思是指其透明度的優劣，一分水是指厚約3毫米的翡翠仍可透光，二分水則是指厚約6毫米仍可透光，以此類推。基本上，我們可以把透明度分為5個等級，即不透明、微透明、半透明、很透明、全透明。基本上透明度越高者越難得，但有些高檔翡翠因其色濃故很難達到全透明，如紅翡等，這是在評價中所需注意的。

色：翡翠的色也是市場上對於其價值及價格的判斷之一，翡翠的色系很多，有紅有綠，也紫、白、黃、黑等，各個顏色又有其程度的差別，色的分佈與其色是正是邪也是在評價上重要的因素之一。了解了種、水、色的不同後，那麼該如何判斷其價值，才能避免買到沒價值的翡翠呢？建議未來大家在選購時可以從圖1的金三角之3個面向來思考評估。

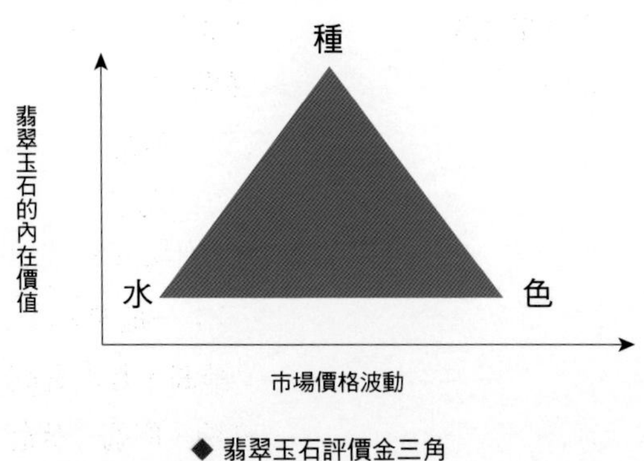

◆ 翡翠玉石評價金三角

種地是翡翠玉石價值的保証

翡翠玉石的質地與結構越細膩，玉質就會越呈現晶瑩剔透之感，翡翠本質的好壞，決定了其收藏的價值。

具有水色的翡翠玉石才具有寶石級的價值

不同收藏者均有不同的鑑賞之角度，有些品質相差不遠的翡翠成品可能因在原料的交易價格上有所不同故其價格有所差異；或者同一批翡翠成品因其貨頭和貨尾因品質不同故價格相差懸殊，但不論如何具有水頭仍是挑上基本的要求。

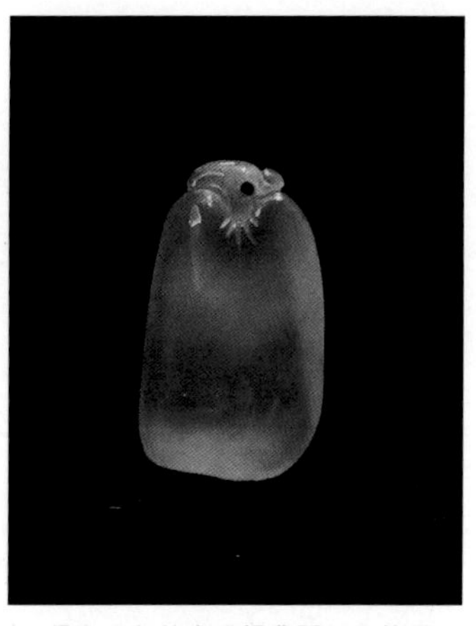

◆ 具有水色的寶石級翡翠玉石能呈現出色調的空靈感。

豐富多彩的色系牽動了市場炒作的神經

正、濃、陽、勻一直是市場上評價顏色的標準(個人認為不論任何色系均可參考)，但市場上一般多是指綠色翡翠的選購標準；「正」是指色要正，偏色的程度越明顯，價格也就越低。「濃」是指色要濃烈，而濃和色暗是不能相提並論的，這需要經驗的累積；「陽」是指色明、色嬌、不偏暗、偏淺。「和」是指色的均勻度。

翡翠顏色不同，價格也會不同；一般來說，翠綠的價格最高，其次是蘋果綠、紫羅蘭、紅翡、黃翡、花青、豆青、油青；白色及灰色又次之，如白色帶有綠色則價

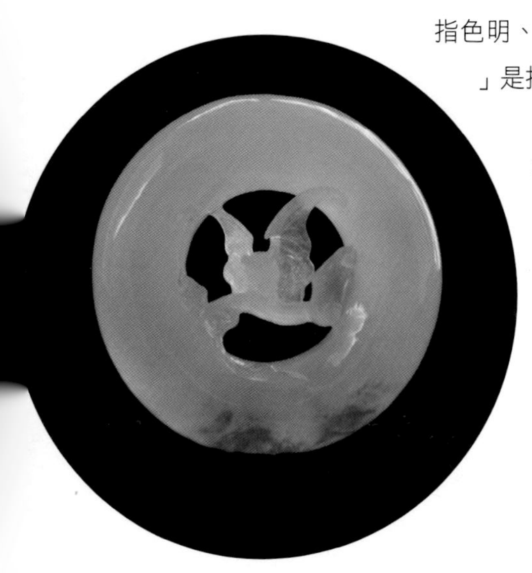

◆ 具備種水色條件值得收藏傳家的翡翠玉石珍品。

格則又可回升一些。不過近來純白的玻璃遮價格也直逼翡翠玉石，這是許多人所始料未及的。

基本上不同色系均有其價格上漲的機會，各種色系，只要能符合正、濃、陽、和的要求，都是值得投資潛力股，綠色優質翡翠的稀少性造就了其高價，但其他色系也有質地和色不錯的佳品未被發現其價值，而這反而是值得收藏的標的，因其會隨著礦源的減少而越來越稀少，相信慢慢愛玉者會發現其他色系的魅力所在。而品質的差異仍是價差的基礎，故一塊翡翠美玉需符合水和種的要求才有其顏色上的意義。

◆ 達到基本種、水、色、工要求的觀音。

玉器是發揚翡翠玉石藝術的代言

玉器的價值可以從工藝的水準、構圖和是否具有巧色巧雕的來評判。

對於玉器，鑑於翡翠礦源的日益減少，高檔料難有大料，即使有也不會用來做大件的玉器擺件，故如以「種、水、色」做為先決判斷的條件則有失現實；因此翡翠玉器的鑑賞其面向可從「工、精、巧」三個方向來思考。當然如果作品能符合工藝精巧的境界，而又達到「種、水、色」的要求，那麼此件玉器的價值與價格自然不菲。

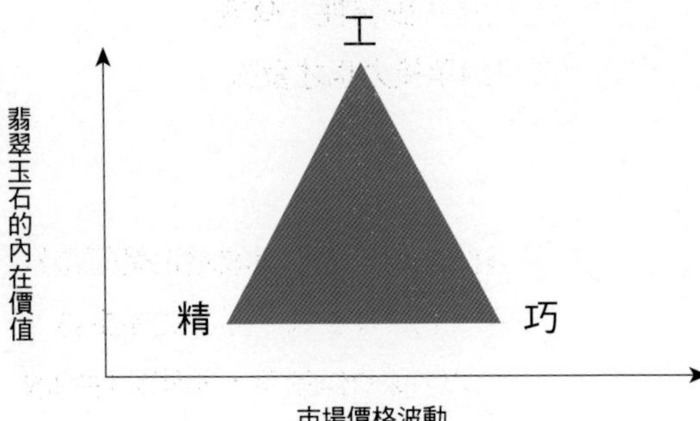

◆ 翡翠玉器評價金三角

以目前翡翠玉石市場來看，好的作品大多漲的很高，如果預算不多退而求其次的情況下，挑選工藝好的也是個不錯的選擇，一般的投資者可以以挑選工藝好的作品為主，即使料不一定很完美（但質細仍是基本的要求），但有特色的工仍是具有市場性的。

◆ 達到工、精、巧水準的不一定要大件玉器，小至掛件也能有其境界。

工藝是於翡翠玉器是否值得收藏的基本要求

玉器擺件的工藝是決定其藝術價值成敗的關鍵。近年來雕玉的工資不斷上漲，工藝師的地位隨著水漲船高，故擁有一件工藝不凡的玉器以工資上漲的幅度來看，其收藏價值絕對是勝過合理的市場價格的。省料的工藝其價值會比耗料多的工藝低，理想比例的工藝必定耗料，工藝的不同會直接反應在市場價格上。

精良的構圖是翡翠玉器的味道所在

翡翠玉器並不一定是雕刻的越複雜就越值錢，刻的複雜也許是為了掩飾其部分的暇疵及裂紋，翡翠玉器成品的對稱性、厚度、比例等也要適宜，如此的雕刻佈局才會討喜，市場的承接力也才會強。

巧奪天工是高檔玉器不敗的投資

簡單的雕刻只要配上巧色巧雕其價值就高。而主題收藏也是值得投資收藏的方向。所謂主題收藏就是以某一主題為收藏目標，比如生肖、圖騰(如4神獸的組合)或是具有為特殊文化內涵的作品等，即使每件的收藏單價並不高，但如能把其組成一系列，其藝術價值便會提升；如果整套收藏為一塊料所作，那麼價值更大，如其質種又好，那麼市場交易價格不但高，而且未來價格大增的機會也會很大。

目前玉雕可分幾大派系，以北京為中心，包括天津、東北等地區的作工稱為北京工，其作品特色較為端莊大方，厚實具帝王氣度。以江蘇浙江地區如蘇州、揚州或上海的工藝稱為揚州工，精巧細緻古典是其特色。以廣州、平洲、四會、揭陽為代表的稱為廣東工，作品形態較廣泛，許多擅長刻人物的福建或刻神獸類的河南等地工匠，都會到廣東取經。雲南騰沖工近來也出現許多雕琢名家；而台灣工近來因受限於市場，故好工已少見。其實各家各派的工藝各有特色，不過要從一件作品中看出是那個地區的工藝並不那麼重要，因為工藝的好壞主要還是要以構思是否獨到，雕工是否精細、作品的完整性來判斷，才具有實質的意義。

◆ 象徵寧靜致遠的
翡翠聚寶觀音。

◆ 典型的北京工端莊大方，意境及氣度皆高，此作品是件料好工好的精品。

料好工好是精品，料好工不好價格會受影響，而料不好工好則能補拙，翡翠玉器的價格其實並無公式，因為玉的變化實在太大，其所蘊含的力量非言語所能形容，尤其美玉的價值更是難以衡量，黃金有價玉無價不無道理。

故僅是提供經驗上的評價方式供參考，希望能幫助愛玉者找到美玉真正的價值所在，而不會因不肖商家的漫天開價或欺騙而對翡翠玉石產生誤解和排斥，也避免因銷售人員的不專業，做了錯誤的投資判斷。

◆ 成對成套的作品是入門收藏者降低風險很好的方向。

4-6 未來翡翠玉石市場的強勢股

先前提到翡翠投資重價值，到底價值的定義為何？許多人會覺得綠色翡翠才具有價值的投資，這個我也不反對，不過這只對了一半，那麼樣去看待翡翠的價值才是客觀呢？以人的天性而言，均會珍惜稀少及貴美，故以翡翠玉石來說，「稀少」而又「美麗」的玉石便是真正的價值。具有真正價值的翡翠玉石其保值性及增值性高，美麗而質細的玉石大多品質不差，而且也具有很高的藝術欣賞價值。

三彩翡翠玉石的未來

真要以價值性來挑翡翠玉石的話，三彩翡翠其實是很好的選擇。

◆ 色調豐富的三彩小擺件——翠綠的蛇與紅皮老鼠的相遇代表了和氣生財的寓意。

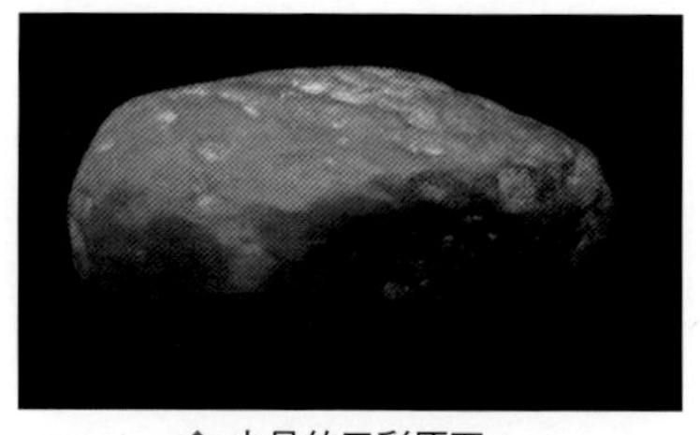
◆ 少見的三彩原石。

一塊石頭要成為玉石的過程本來就不易，石多玉少，故正常而言，玉的價值自然較高；而劣質的玉肉比要好的玉肉來的多，故好的玉肉自然又比劣質的玉肉有價值；一塊玉1色最常見，一塊玉2色多見，一塊玉3色少見，而一塊玉4色以上則更少了。

翡翠玉石中的綠、紅、黃、白、紫5色中只要出現3種就是三彩，稱為福祿壽；如出現4色就稱為福祿壽喜；5色以上就稱為5福臨門。故在涵意上具有很好的兆頭。另外有些帶有老薰味的紅色或黃褐色的三彩，因具有古樸的意境，故稱為老三彩。

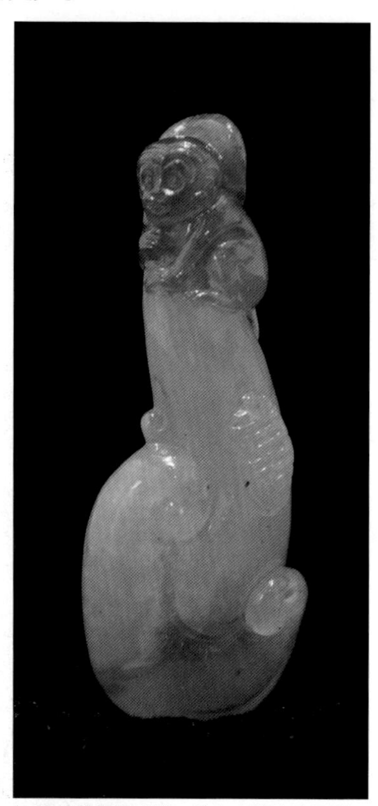
◆ 遙望的靈猴巧雕→具有老薰味的三彩。

巧雕的藝術

巧雕，就是雕玉師利用玉石本身的顏色或皮色，融合到所要創作的的作品中，呈現出畫龍點睛的技法，是雕玉的最高境界。而三彩玉石是用來巧色巧雕的最佳首選。把玩件因上手性佳，攜帶上也較方便，而擺件需要的料大，價格比把玩件高好幾倍，故三彩把玩件的需求的潛力應會比擺件來的快。但以增值倍數而言，三彩的擺件基本上空間會較大。

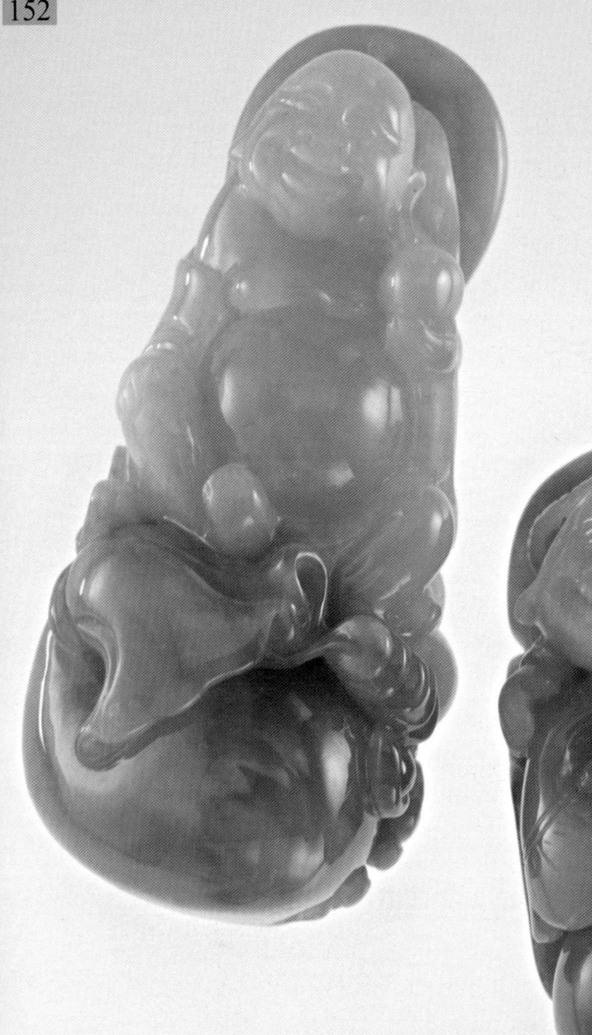

◆ 同一原料各色分明的巧色巧雕收藏級作品。雕刻象徵財神的彌勒與劉海戲金蟾，色澤具時尚感卻不失貴氣。天然的多色調，有如天造之作。

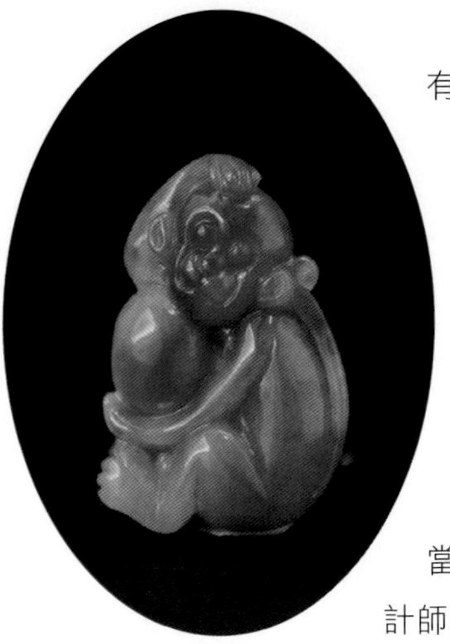
◆ 帶陽綠的四色玉。

三彩玉石在色的呈現上有的是各色融合，有的是色色分明，而冰三彩雖多以淡彩呈現，但仍具其特殊的味道；以手鐲而言，各色平均分佈是最少見也是最佳的分佈；有些帶黑或明度不高或質地不佳，或者色的分佈太少只是邊角或不重要處出現色點，這些稱為「類三彩」，是指不達三彩翡翠玉石等級的三彩。

但如果是雕玉師巧色巧雕之作則又另當別論，同樣的玉料，由不同的雕玉師或設計師來設計，其作品的價值也會差很大，主要還是看其經驗及藝術修養與素質。因料施藝的技術越高，作品的豐富性也會越高。

單純價更高

三彩翡翠玉石本來就稀少，如能再靠雕刻師的功力及巧思能夠成功的呈現，其藝術價值將會更高。太複雜的三彩因色雜也難有美感，單純呈色的三彩最美。色彩鮮艷或有味道的三彩也難得。

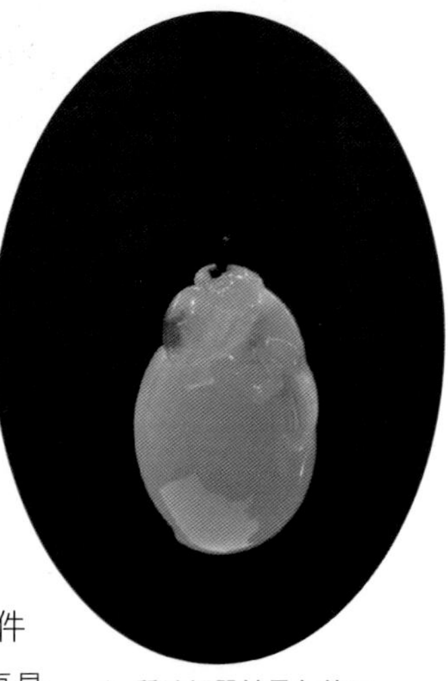
◆ 質地好單純呈色的三彩最耐看。

漂亮三彩玉石本來就很少，近來三彩料的漲幅幾乎與產地不相上下，而一件作品上要能出現質地好明度又高的巧色更是難上加難，不但具有好的欣賞價值，也是具收藏價值的藝術品，因此未來，三彩翡翠的巧色巧雕佳作將會一件難求，不是有錢就買的到。用投資股票的思維來想就會明白，我可以大膽的預測，三彩巧色巧雕，未來將會是賣方的市場。

◆ 巧色巧雕的老味三彩鸚鵡。

◆「諸事如意」三彩巧雕件。兩隻調皮的小豬戲竹簍，翻倒竹簍流出蜜糖，象徵財源滾滾來。

◆ 鴻運當頭的三彩玉印。屬山坑優質三彩，質地溫潤，莊重有味。

4-7 業者與消費者

業者經營的心態甚少有人去探討，那麼其心態應是如何才好呢？業者應該以投資者自居，並以不斷提升眼界，為客戶找尋一件具有價值且值得傳家的作品為目標；賺取暴利的心態不是業者與投資收藏者應有的心態，貪字加一點為成了貧，貪婪只會掉入價值陷阱得不償失。

懂得用投資的角度來評估，收購好作品的業者，其實就是個智慧型的強勢投資者。因為稀少的玉石作品放在店裡，就是強勢的價值股，雖然在景氣低迷時雖然可能必須等上一段時間才會再上漲，但即便短期內未銷售出去也不怕，識貨者仍是愛之，只是時間與價格上的問題；故有錢又有貨的業者堪稱一絕；有錢沒貨的業者再補貨壓力十分沈重，因為好貨再補價更高。沒錢又沒貨的業者，賣的東西越來越差，最後只有離開市場一途；沒道德的為了私利甚至開始賣假貨，搞到後來大家越來越難經營，因為消費者被騙後對整個市場不但信心，還會產生懷疑及排斥，要買也只會買個價格低的來玩玩就好，自然也就沒機會體會到高價值的極品意義何在。

國運興則玉業旺，玉業要興旺追根究底，則是得靠道德品格及心靈文化的提昇才行。

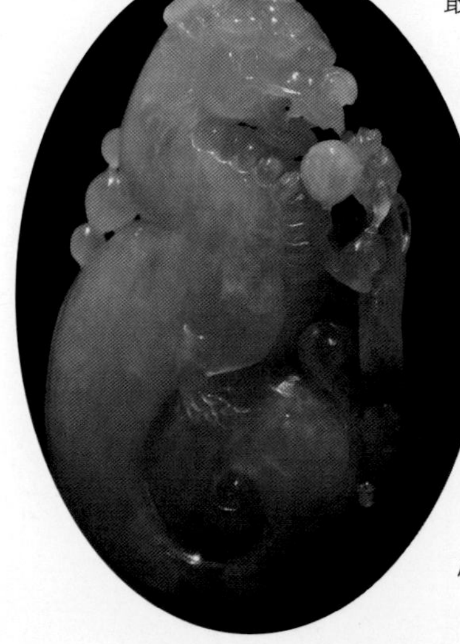

◆ 望子成龍也代表了一個企業承傳的精神。

不論有心經營那個行業，使命感是長期經營者必備的良性壓力，一個企業一旦失去了使命感，那麼其發展必將停滯。從事翡翠玉器的使命感就是讓七千年的玉文化得以延續，藉著分享正面正確的訊息，讓愛玉者也懂得鑑賞美玉，從每一件精巧的作品中以懷著感恩的心來看待。

翡翠玉石是高價的藝術品，但並非天價，若與其他藝術品相比，不但容易保存，且永久性和傳承性更高，所以對識玉者而言，翡翠玉石可說是最划算的收藏品。玉石的開採量日益減少，再不把握美玉，可以預見我們的下一代肯定是更碰不起美玉，也許未來美玉將又回歸古時，變成了達官貴人的收藏，而這並非是像古代是為了階級上的分別，而是美玉越來越貴，價格趨向天價，一般人沒有相當的財富難以擁有。剛好附合了「愛玉之人必有福，惜玉之人必富貴」之說，可說是回歸天意吶！

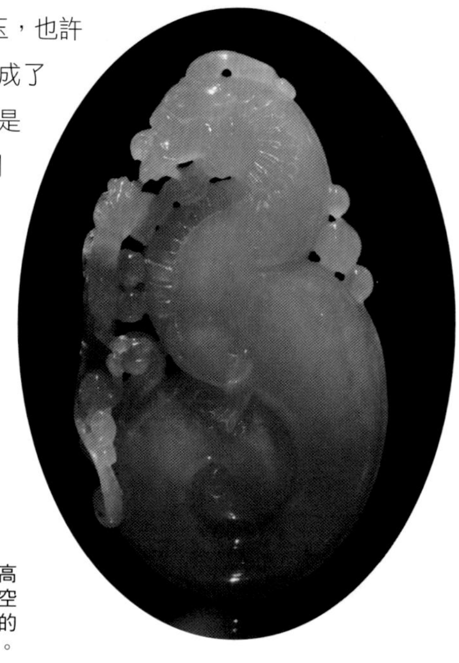

◆ 冰糯種望子成龍。翡翠玉石雖高價，但尚未成天價，仍有收藏空間！從 2003 年至 2010 年，中檔的冰糯種翡翠價格平均漲幅約13倍。

翡翠價格不斷上漲業者如何維持競爭力

當翡翠玉石的價格越來越高時，市場的消費也會面臨萎縮，許多物件常是在同行間轉來轉去，購買力最強大的通常是第二手的批發商，對於沒有外來後備資金支持的零售商而言，面對日益高漲的原料市場，被淘汰的機會很大。

為因應價格上漲所造成的消費萎縮，零售商必需不斷出貨或降低利潤空間，才能維持生存，因為沒有外來的資金支持，為維持一定的現金流量故無法囤貨，大部份的商家明知道翡翠玉石會漲還是要忍痛賣貨的原因在此；相對於資金流量充足的業者因為不需計較現金流量故可自若的發展。

在目前的市場現況下，能夠有足夠資金形成公司化或團隊化經營的批發商，才有能力面對未來的市場，且要有爭取跟更高或更大之對象合作的能力與企圖心。

雖然價格上漲會影響到市場消費，但由於翡翠玉石資源的日益減少，市場上的精品會越來越少，故即使市場上價格一直上漲，高檔翡翠市場仍會維持賣方市場，搶貨風氣仍不減。欠缺對翡翠玉石完整專業知識的業者，如再依賴進價成本而捨不得適時提升檔次，不但無形中會影響到交易市場的低迷，到最後自己也會進入難以生存的悶境。

其實在教育消費者要改變亂殺價之購買理念的同時，是不是業者也需要不斷的修正經營理念與心態呢？懂得運用合作及管理的概念，來為消費者尋找製作工藝卓越及質種難得之美玉，是大陸業者目前的趨勢，我們台灣能不加油嗎？

◆ 在此件彌勒的綜合媒材作品中，當下即刻的意境形態體驗是主要的創作理念。陶土及漂流木等天然媒材，營造出作品整體端莊古雅的藝術效果。

4-8 好雨知時節，逢春方乃發

行好運的意思是，當思緒越來越清純，思考便能越來越清楚，當對事情的看法越來越透澈時，思想也將越發成熟，自然阻力困難便可化解。現在的思緒及行為將決定了未來的不凡及平凡。

2008年10月至12月，有拍賣市場風向球之稱的香港蘇富比、中國嘉得及香港佳士得陸續結束了其在2008年的秋拍。以拍賣結果來看，成交萎縮了50%以上，跌破了大家的眼鏡。難道是有錢人都變少了嗎？還是金融風暴使得收藏者卻步？藝術收藏品在大的行情中其實是很少有跌價的情況發生，正常而言，它的價格應該是會一直不斷往上漲，只是速度上會稍受影響。

收藏品市場也會泡沫化

金融風暴並不會影響收藏品的價值，但卻能為市場帶來狂炒暴漲後的冷靜。

理性後的結果就是泡沫的破滅，任何價格高於價值的投資皆是泡沫，而泡沫是需要時間去釋放的，瞬間的釋放常令人措手不及。雖然股市及拍賣市場皆會面臨失去理性後的調整，但這對有實力的鑑賞者而言是件好事，不過對靠運氣的投資者則是個惡耗，因為那代表好時機已不再。大家常因為一件作品的高價而追逐，為求暴利，相似雷同商品化的作品不斷的出現，追逐久了不知為何而買，這也造成了拍品價格即刻的下跌。

市場的結構及行情必會在金融風暴中重新洗牌，那些不具實力、甚至利用假拍來烘抬價格的拍賣公司必定會生存不下去，而一些買到自認物美價廉之商品的收藏者也會夢醒，瞭解自己買到的只是表面的假像，天底下沒有不勞而獲的好事會給自己遇上。有的作品價格明顯偏低，有可能是業者為吸引買家而設之圈套，也可能是有問題的作品，為吸引不熟悉的買家因貪便宜而上鉤，更沒道德的是用高價讓人不疑是假貨。

2000～2009每季度成交額總體趨勢（單位：萬元）

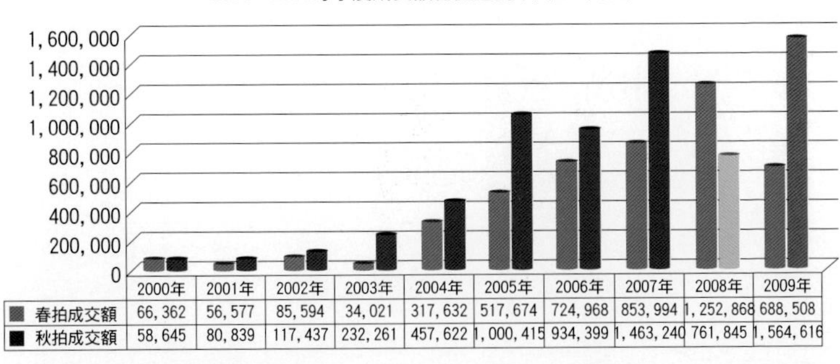

	2000年	2001年	2002年	2003年	2004年	2005年	2006年	2007年	2008年	2009年
■ 春拍成交額	66, 362	56, 577	85, 594	34, 021	317, 632	517, 674	724, 968	853, 994	1, 252, 868	688, 508
■ 秋拍成交額	58, 645	80, 839	117, 437	232, 261	457, 622	1, 000, 415	934, 399	1, 463, 240	761, 845	1, 564, 616

數據來源：雅昌藝術市場監測中心

另外需注意的是，有些拍賣會的拍賣不乏是假拍，故對差異太大的數據其真實的參考性需多方比對判斷，以免被不實的資訊給誤導了。

真心愛好長期持有是贏家

「真的假不了，假的也真不了」，投資或鑑賞本來就是眼力，功力，財力及膽識的一場較量。市場的調整絕非壞事，這會讓許多人靜下心來去思考以前未思考的問題，智慧的增長不就是如此而來嗎？

在越惡劣的環境下，越是稀少的珍品會更顯其價值，收藏者絕不能做井底之蛙，擁有一件傳世珍品是一個開始，不斷的與更好的比較是成功的關鍵，有智慧者懂得倚靠專業，不懂的人將會在價格中徘徊一直被誤導而始終摸不著邊。所有鑑賞的入門皆是從愛好開始，然後從不知其所以然的「迷信」，到達知其所以然的「正信」境界，沒有歷經過這樣的過程，很難看得懂其價值所在。只有精品是經的起歷史的考驗的。

最近沈寂了一斷時間的拍賣市場似乎又熱鬧了起來，可預見的，將來會是因真心愛好長期持有珍品者的天下。「賣了不算賺，放著才算賺」的玩笑話將會成未來的趨勢，而想要參與未來趨勢所帶來的財富，得訓練自己的眼光及品味跟得上時代，要買到真正的便宜貨，靠的並不是尋尋覓覓，而是眼光與遠見。

◆ 2010 年的香港珠寶展已經回春，海外買家數目更飆升三成，也證明了全球經濟正走向復甦。

◆ 香港 2011 年 3 月珠寶展參展商與人潮激增，各類寶石價格漲幅不小。

拍賣會回春的速度很快

2009年香港秋拍比春拍成長近88%，成交金額更是為香港蘇富比拍賣紀錄的第三高；而近期的倫敦春拍也出現其史上最高拍賣價的成交紀錄，上漲的速度有多快，大家都還在觀望，但可以確定的是，拍賣市場2010年後已經回春。

翡翠玉石的需求呈幾何的速度增長，以前市場主要是在台灣與香港，漸漸擴展至新加坡、馬來西亞、印尼及日本等，而近年來中國經濟的崛起，反倒成了最大的消費市場，以雲南而言，每年送檢的珠寶玉石數量每年以30%的幅度增加，光雲南一省推算珠寶玉石的產值已達近180多億元人民幣，已有業者看好未來前景，預備在雲南成立昆明玉器城，欲打造東南亞玉石加工及銷售中心。北京、上海、雲南、浙江等目前是高檔翡翠玉石的主要市場，而越南、泰國等也成了中低檔翡翠的新興市場，市場隨著亞洲經濟成長與華人的喜愛而有逐漸擴大的趨勢。

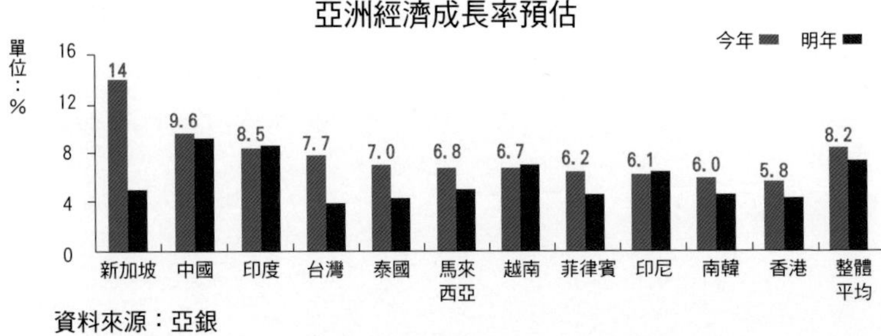

◆ 亞洲開發銀行（ADB）在2010年9月28日大幅上修亞洲今年經濟成長率預估至8.2%

而在拍賣場上，隨著亞太地區富豪越來越多，亞洲買家有逐漸成為拍賣市場主力的趨勢。而中國，現在已有近48萬人有百萬美元的資產身價，人數比去年成長了30%，成為亞太區收藏翡翠玉石最有潛力的市場。

亞太區百萬美元富翁成長一覽					
成長排名	國家或地區	百萬美元富翁人數(萬人)	成長率(%)	財富總值(億美元)	成長率(%)
1	香港	7.60	104.4	3,790	108.9
2	印度	12.70	50.9	4,770	53.8
3	台灣	8.28	42.3	2,640	49.6
資料來源：美林全球財富管理、凱捷顧問公司　洪凱音/製表					

投資趨勢也在改變

以往的投資，都著重於股市或匯市的投資，近年來因操作難度的增加，再加上連動債事件讓投資人沒有安全感，故資金漸漸有轉向以「實體資產」為主的趨向，對於，「一張紙」的投資，慢慢的失去了信心。加上貨幣政策帶動資產泡沫的疑慮，使得市場的波動度增加，投資的難度增高，市場資金紛紛朝多元化的佈局邁進，成了推升不少「實體資產」大漲的力量，我們可以從以下幾項實體資產來看：

不動產：以台灣來看，買賣移轉戶數有穩步上升的趨勢，這說明有一部份的資金在房市持續的佈局，而且有越來越熱的趨向。中國大陸的房市也是熱的需要去「打房」，而美國的房市也漸漸的在恢復中。

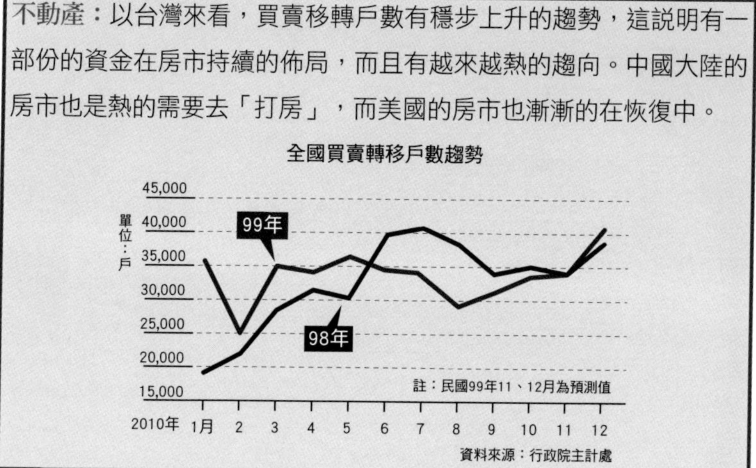

黃金：許多擔心經濟面臨二次衰退的金字塔頂端投資人，開始大買金條，部份投資人買進的數量甚至以噸計算，尤其中國大陸對黃金可說是進入了一波「搶金潮」。國際的黃金價格5年來狂漲近2倍，許多國際投資人如索羅斯等也持續囤積黃金，金價在2011年的目標價已喊到1550美元。在市場避險態度轉強之下，國際金價在2011年七月已飆破每盎司1600美元，創下歷史新高。目前市場上最高的金價預測已到5000美元。

◆ 水色是翡翠的生命，
具有神祕的通透感。

藝術品：龐大的游資從股市或房市流出後，也逐漸轉向藝術品市場，也許是其想像空間較大。近來藝術品市場不斷傳出拍出天價，讓人覺得不可思議。如在2010年北京嘉德秋拍出一幅李可染的水墨巨畫「長征」，拍出了1億零750萬人民幣的高價。而在香港2010年11月結束的蘇富比秋拍，總共拍出了近幾年來的最佳成績，為近20億3500萬港元。

翡翠玉石：在新進場熱錢越來越多的情況下，屬於有價值的翡翠玉石也跟著上漲。在雲南省光一省經營翡翠玉石業的就有1萬戶以上，每年均以千戶增家，2009年一年就銷售了有180億人民幣，2010年後預估銷售額將會破200億人民幣。

其他如普洱茶或紅酒、沈香、機械錶乃至於近期很流行的紅珊瑚等，也都將進入5年的黃金期，消費量預估每年穩定成長10-20%，可說也有增值空間。

翡翠玉石的投資，要用時間去等待

翡翠玉石的投資應用長期佈局的思維來看待，故資金上要有一定規劃。短期投機的思維只會將投資的風險提高，好的翡翠玉石就是一項資產，而資產要能獲利靠的就是眼光的準確及時間的蘊釀，不能等的人，基本上是不適合持有投資「價值性資產」的。

玉的價值高，但卻非天價，比起其他藝術品的收藏可說是物超所值，隨便一幅齊白石或張大千的字畫其價格就令人咋舌，許多收藏品保存也不易，但玉越盤玩則越溫潤清透，像是自己貼身的朋友似的，懂得自己的心；不去管它，它靜靜的躺在那，又具有另一種寧靜的靈性美，非言語所能形容，可說是心靈的寶物。一塊顏色鮮明純淨的美玉雖非垂手可得，但愛之得之者必能感受其所帶來的好運及給予內心那種靈美的悸動。

4-9 翡翠玉石珠寶已是上流社會資產配置的一環

在美林的研究報告中曾指出，富裕人士對於其所嗜好的投資中，珠寶、寶石及名錶在亞洲的比重為第一名，對於藝術品投資的配置一年約躍升20%，嗜好投資在有錢人資產配置比例中有逐漸上升的趨勢。最好的投資者未必是最好的收藏家，但最好的收藏家肯定是最頂尖的投資者。翡翠玉石的價值與趨勢有時是需要時間來蘊釀。當然這也是要看收藏者是否有得到對的資訊。

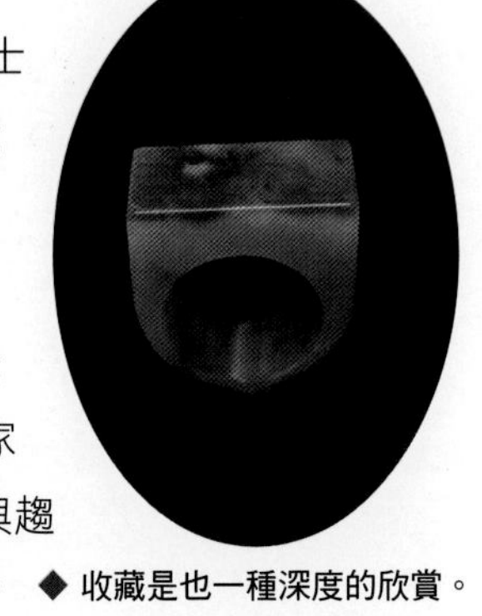

◆ 收藏是也一種深度的欣賞。

資產配置及收藏應有的思維

許多人對於翡翠玉石的資訊的瞭解都很片斷，資訊來源的可靠性大多也不會去追究，殊不知誠實可靠的好人所得來的資訊來源未必是可靠。要解決這個問題，本身就必須投入相當的心力去將資訊加以分類及釐清。業界的資訊有助於觀察翡翠玉石的趨勢，但從業者那兒得到的訊息是炒作下的看法，還是不實的掩飾，又或者是真正的趨勢，最終還是得靠自己去判斷確認，才能找出真正可靠的資訊。

翡翠玉石這個行業較為特殊，其上游環節基本上較不受景氣的影響，所以價值較不易因外界經濟的波動而受到太大的貶值，基本上，越高檔的物件越不受金融危機的影響，可說是一項低風險的投資。有閒錢又具有眼光的企業家將此項目列入資產配置的一環已是趨勢。

2010年3月在緬甸仰光的賭石大會上，總成交30幾億人民幣的原料，有9成就被山西來的幾位煤老板所拍走，且成交金額幾乎貴了一倍左右。質量好的翡翠玉石越來越少，翡翠收藏也越來越熱，山西的煤老闆看中了其具有投資價值，因而請了許多翡翠玉石專家來鑑定，大筆入市。

翡翠玉石上漲已是確勢，不論內行或外行，已漸漸引起投資人的注意。到了2010年6月的緬甸公盤，隨著市場游資不斷進入，雖然好料減少，不過成交金額再創歷史新高達到70億人民幣，大大刷新了上次30億人民幣的成交紀錄。

翡翠原石拍賣市場的新動向

在最近2年所舉辦的翡翠公盤拍賣中，有一種很奇特的現象，就是行家看值100萬的原料，往往出到翻倍都還買不到，最後甚至被別人以300萬的價格買走。高檔原料的成交價甚至有時會出到底價的10倍、20倍以上。從這可看出翡翠玉石的上漲並非人為炒作，主

◆ 翡翠玉石的藝術雕刻── 5 子戲佛。

要是競標者看好翡翠市場的零售市場，加上公盤翡翠原料品質下降，中高檔的翡翠原料越來越少，故翡翠玉石原料上漲是有一定的基本面的。

不論是投資者、或是收藏家乃至於經營翡翠玉石的商家，都感受到翡翠玉石漲價的快速，所以不是惜售要不就是越來越敢「高價買進」，深怕未來價格越來越高，好料越來越少。目前在主要銷售地區的大陸市場，翡翠原石的銷售要比成品好賣，故有許多商家逐漸加入買賣原料的行列。

許多標到好質量原石的商人仍在觀察市場走勢，大多不急著做成成品。原石價格愈墊愈高，未來店家存貨消化完畢，高價標來的毛料做成成品後，翡翠成品價格必定要漲高於原石的價格。

收藏翡翠玉石的風險

當然，不實的資訊會導致錯誤的判斷，愈是專業的投資人愈會注意這件事，舉例來說：在拍賣會裡高價得標的藝術品有時是貨主自己標回藉此炒高價格，實際上並非真有其行情；如果只聽到這樣的訊息就以此標準收購此類藏品，恐怕是一項冒險的行動。又或者，聽似專業的銷售人員說的天花亂墜就買了，拿去鑑定發現原來是B貨，再拿回去退才發現銷售人員早就在銷售時就告知這是優化的翡翠，因自己隨著銷售人員起舞，沒有注意到其不實的掩飾而吃了悶虧。因此未來翡翠玉石的收藏，「專業」的把關將是致勝的關鍵，尤其愈火熱的行情，愈要謹慎，何時入市，什麼價位進場都要評估風險。

想靠翡翠玉石致富，懂得分析金融情勢與市場行情是基本的準備，虛心學習玉石的知識及專業收藏家的建議，是減少風險的第一步，許多「玉盲」的入市，會使得市場變的更亂，能夠瞭解真正的價值就不

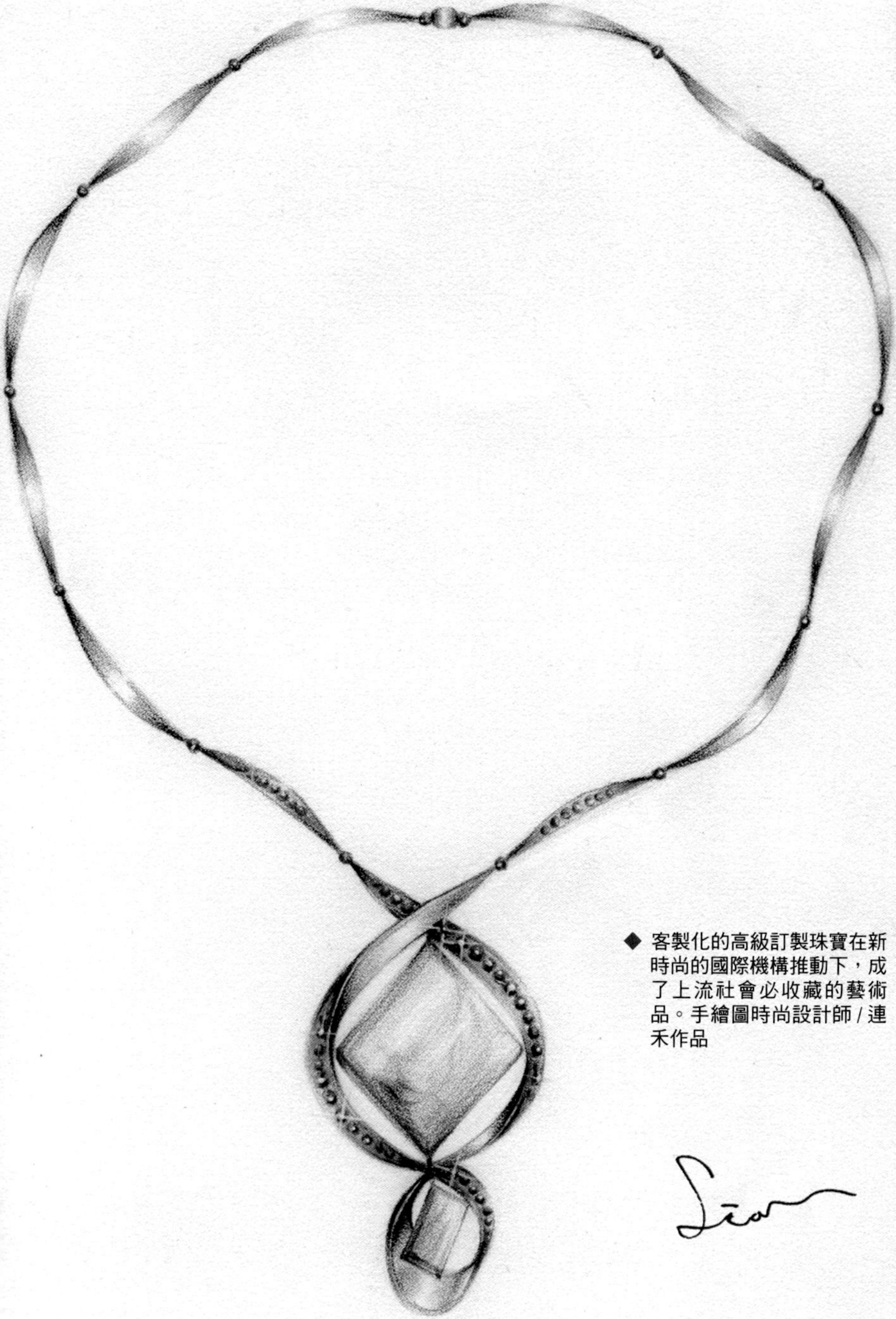

◆ 客製化的高級訂製珠寶在新時尚的國際機構推動下，成了上流社會必收藏的藝術品。手繪圖時尚設計師 / 連禾作品

會被商人的炒作所埋沒。

翡翠玉石的變化萬千，每一種地均有其價值及趨勢，雖然說得玉有時要靠命運機緣，且其變化及其種類有時也一時難以理解，但確是值得下功夫深究，俗語說：黃金有價玉無價，故令許多人望之怯步，但換個角度來看，也許無限的報酬才是最高的報酬，沒有價格上限才是真正的價值。

翡翠玉石是回報性高的投資理財項目，但「質地」才是王道；增值與保值常是投資人所期望的，質好的翡翠玉石資源稀缺，其報酬率更是以倍來計算，使得許多專業的投資專家或金主開始關注。

未來翡翠玉石的投資理財會走向量身訂作，資金多少決定了可購入檔次的高低，中檔翡翠玉石則有機會成為未來消費主流。低檔翡翠玉石價格要漲可能需要一段時間，甚至易跌難漲，稅負將會是影響中低檔翡翠玉石價格的主要因素。

越高檔的翡翠玉石，貨主高價回收會是常態，相信在不久的將來，買有檔次的翡翠玉石銀行也願意貸款，甚至銀行本身也會出現翡翠玉石投資理財的項目，為富豪們提供專業的收藏或投資建議，未來如能發展出一套機制，能讓消費買的安心，投資的放心，那麼翡翠玉石的保值性與增值性將會大大被認同，屆時翡翠玉石高價的時代將會來臨，當然其風險性也將會越高，故越早入市當然越佔便宜。

在歷經金融風暴後，許多投資人對於不確定的紙上富貴具有很大的不安全感，故理財的習慣上漸偏好擁有實體資產，舊有的投資模式也已無法吸引投資人，大家都在找新的投資項目，相信對於投資理財觸角敏銳的專業人仕，己經開始在此領域悄悄佈局了！

◆ 淡春色撒金料的飛龍手玩件帶有紫氣東來之感，作品雕琢水平極好，連左下角的一點綠都給留下了。

富人忙避稅 翡翠成新寵

連豐盈，企管碩士，專為2岸3地高資產者提供翡翠玉石之鑑賞與投資建議。

海外投資所得〈不論資本利得或配息〉列入最低稅賦制，已在2010年開始實施，即是2011年5月申報所得稅時，境外所得達新台幣100萬（含）以上者，必須主動申報境外的投資損益。在最低稅賦制下，雖然所得合併未超過新台幣600萬不需課徵最低稅賦，但對於高資產者事實上等於少了海外的節稅管道，海外的資產也將間接曝光。

在最低稅負制的基礎下，投資大戶大大的受到了影響，不少偏好境外債券基金投資的定存族或退休族，投資金額動輒則新台幣上百萬，其境外所得雖然未達新台幣600萬的課稅要求，但卻容易達到需主動申報的門檻。雖然利用分批獲利落袋或者落袋資金轉進投資型保單皆是可以規避稅負門檻，但畢竟並不是長久之對策，加上政府對於富人課的稅目是越來越細，投資人的投資應以多樣化應對，讓投資組合風險系數能夠拉到最低。

在股市震盪及打房受壓下，游資開始湧向藝術品市場，許多畫價不斷創天價，但在入門檻太艱深及價格炒作太高的情況下，古物拍市場也創另一波高峰，不過鑑定的爭議性大，酒品、茶類等等都成了資金的出口，最後黃金仍成了避險潮下的贏家，但政府擔心黃金淪為洗錢的工具，故現在在台灣買黃金超過新台幣50萬，就必須申報。能夠欣賞、養護方便而又能佩帶、保值的翡翠玉石，開始在亞洲市場也熱了起來。

2010年香港蘇富比秋拍以港幣4億2仟3佰萬元再度刷新“香港蘇富比珠寶翡翠首飾拍賣會”最高成交總額的紀錄，編號1793的翡翠鑽石項鍊是全場最高價作品，成交價為港幣902萬。目前市場上的翡翠有9成以上是緬甸北部所產，產地唯一，加上開採和運送上的困難，質好的翡翠越來越少見。

當翡翠市場越來越火熱時，就必須注意到所購入的翡翠玉石是否為真正的天然品。翡翠作假的歷史很久遠，最早是在清末民初，當時的手法是以碧玉或馬來玉、玉髓等價格低廉的普通玉石來做替代真正的玉石，有些早期的收藏家手裡仍存有不少以綠色軟玉偽造的翡翠玉石。

曾經有一位著名的美國珠寶經紀人從香港進口了一批共70顆高檔高價的翡翠蛋面，後來被檢驗出原來全是價格低廉的馬來玉，此案當時非常轟動。早期西方也曾經喜愛翡翠，但因仿品太多難分辨而不了了之。在上世紀50年代美國奇異也開始研究人工的合成翡翠，但仍無疾而終，不過其部份技術被香港運用來開發B、C貨，

◆ 少見的投資級翡翠手鐲，身價不斷上漲，比黃金還有價

假貨之風之後傳到東南亞、台灣一直到中國大陸。目前市場上的各種假翡翠幾乎以假亂真，一般消費者根本很難分得出真假。

台灣在今年(2010年)4月也出現了一對老少搭檔的中國老千，自稱是珠寶商，登門向台灣珠寶銀樓業者以低於市價的行情兜售高檔翡翠，等店家鑑定是真品後，老千就將真品掉包。台灣北、中、南皆有十幾家業者受害，其中光是高雄市的某一家珠寶店就被騙了台幣120萬元。翡翠玉石做假與詐騙的手法可說是防不甚防，連業者都難以預防。

雖然現在網路很發達，書店的資訊也很多，即使學會如何鑑定，在實際買賣時，也不可能把所有鑑定的機器設備都搬去檢測，因此在選購時，最好能依靠專家，行家因每天在翡翠的氛圍中，故較能感覺到顏色和光澤的差異，也較能分辨出玉石的手感，這些都是日積月累的觀察與經驗；在沒有行家陪伴的情況下，建議最好是到有A貨翡翠保證，且有品牌的專賣店去挑選，這樣能減少買到假翡翠的機會。購買翡翠最重要的是，別到旅遊景點去購買，同時也不要向〝流動攤位〞購買，這樣遭受騙上當的機會會很大，買到假貨不僅僅是損失錢財，對購買人的情感更是莫大的傷害。

對於翡翠玉石的選購與做為資產配置之一環而言，最好能選擇中高檔以上，且品相、工藝、質地、水頭、色澤具有一定水準的作品。貴精不貴多，是對翡翠收藏基本的認知。

◆ 由設計師連禾所設計繪製

參考文獻：

1. 戴震.鑽石投資.台北：時報文化出版，1988.
2. 周經綸.玉石天命.台北：號角出版社，1989.
3. 葛雷男克.混沌(CHAOS).台北：天下文化，1991.
4. 四書集解新釋.臺南：正言出版社，1991.
5. 周經綸.雲南相玉學.台北：號角出版社，1994.
6. 邵文智.情人的影子-墨翠.珠寶界.珠寶刊物，1996(10)
7. 歐陽秋眉.翡翠ABC.香港：天地圖書有限公司，1997.
8. 張蘭香.錢振峰.古今説玉.上海文化出版社，1997.
9. 李英豪.保值翠玉.台北：藝術圖書公司，1997.
10. Richard Koch.80/20法則.大塊文化，1998.
11. 胡全芳.翡翠市場學.視界.珠寶刊物，1998(8)
12. 劉順平.揭開寶石的神祕面紗.視界.珠寶刊物，1998(8)
13. 鄭永鎮.翡翠鑑賞與選購.台北：寶虹珠寶公司，1999.
14. 李家雄.論語情.台北：九思出版社，2000，42~44.
15. 歐陽秋眉.翡翠鑑賞.香港：天地圖書有限公司，2002.
16. Bodo Schafer.億萬富翁的賺錢智慧.台北：時報出版，2003.
17. 羅勃特・T・清崎.莎朗・L・萊希特.經濟大預言.高富國際文化，2003.
18. 姚士奇.中國玉文化.南京：鳳凰出版社，2004.
19. 張竹邦.翡翠探秘.雲南科技出版社，2005.
20. 歐陽秋眉.秋眉翡翠.學林出版社，2005.
21. Betty Edwards.像藝術家一樣彩色思考.時報出版，2006.

22. 戴鑄明.翡翠鑑賞與鑑賞.台北：笛藤出版社，2007.
23. 錢振峰.白玉鑑賞與投資.上海文化出版社，2007.
24. 戴鑄明.翡翠品種與鑑評.雲南科技出版社，2007.
25. 詹姆斯・坎頓.超限未來10大趨勢.台北：遠流出版社，2007.
26. 張慶麟.玉投資收藏手冊.上海科學藝術出版社，2008.
27. 憑雪松.玩玉鑑真偽.福建美術出版社，2008.
28. 文少雩.玉雕創作與鑑賞.中國輕工業出版社，2008.
29. 豐子愷.豐子愷美術講堂.台北：臉譜出版，2008.
30. 錢文忠.解讀三字經.北京：中國民主法制出版社，2009.
31. 袁心強.應用翡翠寶石學.武漢：中國地質大學出版社，2009.
32. 陳保平.關於翡翠飾品表面殘留拋光粉問題.中國寶石.珠寶刊物，2009(2)
33. 候舜瑜.項賢彪.劉書東.相玉.北京：地質出版社，2009.
34. 肖永福.饒之帆.翡翠鑑賞與投資.雲南科技出版社，2009.
35. 美林全球投資策略週刊，2010(8).
36. 陳發文.翡翠學.雲南科技出版社，2010.
37. 翡翠收藏百問百答.湖南美術出版社，2010.
38. 萬君.萬君講翡翠收藏.湖南美術出版社，2010.
39. 吳樹.誰在拍賣中國.台北：漫遊者文化事業出版，2010.

相玉致富的四把金鑰匙 / 連豐盈著. -- 初版. -- 臺北市 :
博客思, 2011.08
面 ; 公分
ISBN 978-986-6589-36-2(平裝)

1.寶石鑑定 2.玉器 3.投資

486.8 100007066

相玉致富的四把金鑰匙
編 著 者：連豐盈
責任編輯：張加君
美術編輯：J・S
出 版 者：博客思出版社
地 址：台北市中正區重慶南路一段121號8樓之14
電 話：(02)2331-1675 傳真：(02)2382-6225
總 經 銷：成信文化事業股份有限公司
劃撥戶名：蘭臺出版社 劃撥帳號：18995335
網路書店：http://store.pchome.com.tw/yesbooks/
E-MAIL：books5w@gmail.com books5w@yahoo.com.tw
香港總代理：香港聯合零售有限公司
地 址：香港新界大蒲汀麗路36號中華商務印刷大樓
C&C Building,36,Ting Lai Road,Tai Po,New Territories
電 話：(852)2150-2100 傳真：(852)2356-0735
出版日期：2011年8月初版
定 價：新臺幣 450 元

ISBN - 978-986-6589-36-2